咖啡必修课

[日] 晋游舍 编著　陆晨悦 译

华中科技大学出版社
http://www.hustp.com

有书至美
BOOK & BEAUTY

中国·武汉

咖啡必修课

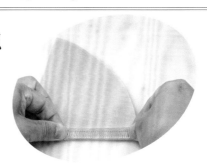

以及一〇〇种工具

咖啡的基础知识

为了在自家也能享受美味的咖啡

Coffee Basic Knowledge and Goods 100

　　在街上的咖啡店等地方能品尝到的香味浓郁的正宗咖啡，想不想在自家
也来一杯呢？如果能自己冲泡美味的咖啡的话，无疑让每天都会变得充满期
待。学习专家教授的冲泡手法，收集上好的咖啡豆和喜欢的工具，在自家享受
一杯最棒的咖啡吧！

复杂的味道
是咖啡的
魅力

理解咖啡的味道

咖啡的苦味和酸味

最棒的一杯咖啡

咖啡的基础知识 001 COFFEE BASICS

咖啡的味道由苦味、酸味、甜味、醇度构成

正因为咖啡的味道是复杂的，对于咖啡口味的喜好才会因人而异

将咖啡的味道用短短一句话来表述是十分困难的，苦味、酸味、隐约的甜味和喝了之后感觉到的醇度等，各种各样的味道层层叠加，错综复杂。并且，不同的人有着不同的喜好，有人喜欢酸味明显的新鲜味道，也有人喜欢苦味浓厚的咖啡。

苦味	酸味
说起咖啡基本的味道，那必然是它那独特的苦味。咖啡豆越经过深度烘焙就会越呈现出苦味。	只是略微烘焙过的咖啡豆容易有酸味。新鲜的酸味和苦味一样，都是咖啡不可欠缺的味道。
甜味	**醇度**
新鲜的咖啡豆经过适当的烘焙以及正确的冲泡，会呈现出咖啡本身微弱的甜味。	喝完咖啡之后留下来的浓厚的咖啡的味道。在此时感受到的正是咖啡的醇度。

咖啡的基础知识 002 COFFEE BASICS

咖啡的味道会因为各种各样的原因发生变化

咖啡的味道根据咖啡豆、器具、冲泡手法不同而改变

咖啡的味道是由复合的要素决定的

有人觉得咖啡豆才是决定咖啡口味的要素，这在某种程度上是正确的，但在某种程度上也是错误的。不只是咖啡豆的种类、烘焙方法和研磨方法、咖啡豆的数量、热水的温度、咖啡萃取速度等，各种要素叠加决定了咖啡的味道。

改变咖啡味道的3个要素

咖啡豆	器具	冲泡手法
轻度和深度烘焙的咖啡的味道会因为不同，此外，萃取方法、咖啡豆研磨手法不同也会产生不同的味道。	咖啡机、浓缩机等器具当然会改变咖啡的味道，仅有滤杯的差异其实也会改变咖啡的口感。	在手冲咖啡中，咖啡豆的分量、热水的温度、冲泡的速度等的不同也会导致咖啡味道产生变化。

深奥的咖啡世界
掌握并理解咖啡知识

咖啡从很久以前就开始在世界各地被饮用。曾经有段时期，在早晨或中午的套餐中咖啡是唯一的饮品。现在，人们可以在各种场合选择自己想喝的饮品。

即便是现在，咖啡也有很高的支持率。说起其魅力所在，正是其多样的味道和香味，以及越来越让人喜爱的无尽的深奥内在。

在咖啡的专卖店，有着从世界各地运输而来的各种各样的咖啡豆，店里也会提供适合各种咖啡豆的冲泡服务。并且，专卖店有时也会活用咖啡豆的特点，将几种咖啡混合起来。现今人们不仅是单纯地喜欢咖啡，而且是具备专门的知识的咖啡狂热者越来越多。在享受咖啡时，并没有必要特意掌握专

是对立的关系

咖啡的味道也存在流行趋势

数年前还没有喜欢咖啡的时候，就经常听闻"第三波咖啡"。正如其名，"第三波咖啡"指咖啡史上的第三波热潮。19世纪下半叶，美国开始大量生产咖啡，将原来作为奢侈品的咖啡扩散到了一般阶层。那时候发生了第一波热潮。截止到现在，已经有三次热潮了，以下让我们来回顾近120年间咖啡的历史吧！

咖啡的基础知识 003 COFFEE BASICS

浓厚派？爽口派？把握自己喜欢的口感

从了解其味道开始

知道自己喜欢的咖啡口味是制作一杯理想咖啡的捷径

咖啡豆的产地和研磨方法、萃取方法等都会对咖啡味道产生很大的影响。重点是要先找到自己喜欢的味道。为了了解有哪些种类的咖啡，可以使用只需要倒入热水就能冲泡出正宗咖啡的袋装咖啡等，尝试饮用并对比一下。

浓厚派

有着浓厚的咖啡基本的苦味。但是，苦味并不尖锐，包含着后味中等的醇度，有着很醇厚的味道。

爽口派

有着显著的咖啡酸味，后味爽口，容易入口。根据咖啡豆不同，有时候还会带点儿果味。

中和派

苦味和酸味充分取得平衡的咖啡口味。喝后剩余的醇度，以及咖啡独特的口感也恰到好处。

甜味党

加入砂糖和牛奶，享受不同味道的咖啡。甜味的深处有着苦味，是交叉融合而成的美味。

19世纪下半叶
第一波热潮

在美国发生的热潮。主流是美式咖啡，多为用轻度烘焙的咖啡豆磨成粗的粉末。真空包装技术以及流通网络的发达，使咖啡变成了一般化的产品。

咖啡的基础知识 004 COFFEE BASICS

不能忘记的香味是咖啡的陪衬

放松或者是集中注意力咖啡的香味带来愉悦的效果

咖啡的一大魅力所在就是其独特的香味。其香味可以被称为香氛，和味道有着深切的关联。此外，咖啡的香味有着像香薰一样的作用，能够推动大脑运作，起到放松或者集中注意力的效果。

享受香味的两个重点

咖啡豆要在两周内使用完毕

咖啡豆和生蔬菜一样，随着每天的氧化，味道会逐渐损失。其保质期约为两周。

咖啡豆在自家研磨

咖啡豆在研磨之后，香味会逐渐散去，因此在冲泡之前进行研磨是最好的选择。

20世纪60年代至90年代
第二波热潮

加速了对高品质咖啡的需求，主流是将深度烘焙的咖啡豆细细研磨而成的上等咖啡。此时是西雅图咖啡等大型连锁咖啡企业逐渐加入的时期。

门的知识，但是，对咖啡略知一二的话，会对咖啡的深奥更有实感，并且，也更容易找到适合自己喜好的咖啡口味。而且，如果掌握从知识中延伸出来的技术的话，就可以每天在家冲泡自己喜欢的美味咖啡。

因此，首先要明白的是，咖啡豆、器具、冲泡手法的不同会改变咖啡的味道。并且，和学习知识同样重要的是，要把握自己喜欢的味道。要清

楚知道自己喜欢的是咖啡的苦味，或酸味，又或者醇度、甜味，还是想要平衡所有的口味。此外，咖啡的香味当然也会由于咖啡豆和冲泡手法的不同而不同。尽力寻找让自己心情变得美妙的香味吧！推荐巡游各家咖啡店，饮用并比较市面上贩卖的袋装咖啡等。了解自己喜欢的味道之后，记住正确的冲泡方法，便可以在家尝试再现理想的味道。

20世纪90年代末
第三波热潮

寻求更高品质的咖啡豆，对于生产者水平也有要求。此时出现了很多提供适合各种各样咖啡的萃取方法的店铺。手冲咖啡也是第三波热潮的特点。

滤杯的构造
和材质

掌握滤杯的结构

滤杯不同，咖啡的

咖啡的基础知识
005
COFFEE BASICS

通过滤杯萃取孔的大小和数量来调整咖啡的味道

从爽口派到醇厚派

滤杯的萃取孔，其作用自不用说，是为了让倒入的热水穿过咖啡粉，从而滴落到容器中。萃取孔数量的多少、尺寸的大小等，会影响热水滴落的速度，从而改变咖啡的味道。速度越快的话，咖啡杂味越少，喝起来比较爽口，速度比较慢的话就会变成具有醇厚口感的咖啡。

萃取孔的数量　　　　**萃取孔的大小**

1个孔

1个孔时，不用在意热水的量和倾倒的速度，也能自动调整并制作出美味的咖啡。

3个孔

由于孔的数量较多，萃取速度要快，制作而成的咖啡味道较为清爽。

较大的萃取孔

根据倒入热水的速度可以调整咖啡滴落的速度。

较小的萃取孔

由于孔很小，所以可以制作出有稳定口感的咖啡。

滤杯的构造

咖啡的基础知识
006
COFFEE BASICS

滤杯的形状有梯形和圆锥形两种类型

能轻易买到的梯形滤杯和讲究的圆锥形滤杯

滤杯基本分为梯形和圆锥形两种类型，在店里用得较多的一般是梯形。滤纸也是这个形状的比较多。梯形的优点是滤杯和滤纸都能轻易以低价入手。在味道上，梯形的滤杯制作出来的咖啡酸味较少而苦味较重，圆锥形的滤杯制作出来的咖啡甜味和酸味会比较重，有着浓烈的香味。

梯形

卡利塔（Kalita）式或梅丽塔（Melitta）式的梯形滤杯。由于咖啡先滞留在滤杯底部再滴落，会形成酸味较少的味道。

圆锥形

由于热水和咖啡粉都是集中在中央一点滴落的，热水和咖啡粉能直接通过，从而形成酸味或涩味较重的味道。

享受根据滤杯不同而变化的各种各样的味道

咖啡的冲泡方法，最流行或者说最轻松的方法就是用滤纸冲泡。在滤杯中放置好滤纸，在放入咖啡粉之后倒入热水。仅仅这样做就可以享受正宗的咖啡。虽说都叫作滤杯，但也有各种各样的类型，因此也会产生带有不同个性的味道。首先要理解基本的滤杯构造。滤杯的形状有梯形和

圆锥形，两种形状的滤杯内侧都有着被称作"螺纹"的沟槽。螺纹是为了在滤杯和滤纸之间留出一定的缝隙。萃取出的咖啡通过缝隙缓缓向下滴落。此外，咖啡和热水接触而产生的二氧化碳也会从缝隙中散出。接下来，下落的咖啡通过叫作萃取孔的小孔，流入容器中。萃取孔根据滤杯的种类会有不同的数量。比如说卡利塔式滤杯有三个孔，梅丽塔式滤杯或HARIO式滤杯有一个孔。

味道也不同

茶歇笔记

味道的决定性因素

推荐持有数个滤杯并区分使用

咖啡的味道会随着咖啡豆的种类和烘焙度、萃取方法等的变化而变化，而滤杯的种类也会影响咖啡的味道。我们从中也可以窥见咖啡的深奥。爽口的感觉，浓厚的味道，抑或顺滑的口感等，尝试着享受各种各样的滤杯产生出的不同味道吧！推荐收集数个滤杯，根据当天的心情或时间区分使用。

咖啡的基础知识 007 COFFEE BASICS
螺纹滤杯的沟槽有助于水流均匀滴落

垂直构造的螺纹、旋涡形构造的螺纹、钻石构造的螺纹，不同的螺纹有不同的作用

螺纹使得滤纸和滤杯之间具有一定的缝隙。粉和热水接触产生的二氧化碳从缝隙处流出，从而可以均匀萃取。此外，螺纹的形状不同，热水的滞留时间也不同，从而咖啡的味道也会发生改变。

垂直构造的螺纹 梅丽塔式或卡利塔式的滤杯所设计的螺纹，通常是垂直的竖线。在梯形的滤杯中引导出最合适的热水水流，这种形状可以让水流滴落变得平缓。

螺旋形构造的螺纹 通过采用螺旋形构造的螺纹，可以防止滤纸和滤杯紧贴，并且使得空气缓缓通过。和滤布一样，它可以对咖啡进行全面的过滤和萃取。

钻石构造的螺纹 有着精美的钻石外观，滤纸和滤杯在其完全服帖的状态下接触，萃取很难不平均，因此可以萃取出有平衡口感的咖啡。

爽口的卡利塔

有着垂直螺纹，有三个孔设计的梯形滤杯。通过三个孔来实现理想的萃取速度。只保留出现杂味前的美味。这种滤杯能够萃取出咖啡豆本来的美味。

咖啡的基础知识 008 COFFEE BASICS
滤杯的材质分为塑料制、陶瓷制、金属制三种

由于材质不同，温度也不同，需要注意滤杯的材质

滤杯有塑料制、陶瓷制、金属制三种材质，根据材质，其特性也多少会有不同。材质的不同会影响温度。咖啡的萃取受热水温度的影响，对于陶瓷制品等热传导率较低的材质，需要事先仔细地用热水进行加热。

塑料制	陶瓷制	金属制
价格低廉并且牢固。高性价比是其魅力所在。非常轻便，即使摔落也不会碎，使用简便。初学者先从塑料制开始。	比较重，并且，在用来萃取咖啡之前需要事先充分加热，由于温度变化较少，习惯之后可以萃取出上等品质的咖啡。	不锈钢或铜等金属制的滤杯。价格略高，其优点是热传导率高。习惯使用滤杯之后可以尝试使用这种材质。

浓厚的梅丽塔

有着垂直的螺纹，带有一个孔的梯形滤杯。由于只有一个孔，滴落速度很稳定，设置好一定的热水温度和咖啡粉数量，可以一直享受同一种口味的咖啡。其特点是可以制作出有浓厚口感的咖啡。

在一个孔的情况下，热水滴落会花费较长时间，因此咖啡的味道会比较浓，与此相对，三个孔的情况下，咖啡的味道会比较淡。并且，孔的数量也会影响咖啡杂味或爽口等口感。根据自己的喜好选择对应的滤杯之后，准备好相对应的滤纸。基本上梯形、圆锥形等滤杯都有相应的最适合的滤纸，请确认过后再购入。滤纸有漂白过的白色和未漂白的茶色。颜色对于味道没有影响。可能也

有人对于未漂白的纸张味道会比较介意，这种情况下建议选择漂白过的滤纸。顺便说一下，比较推荐准备几个不同形状的滤杯。这样的话，可以根据心情或者时间来享受不同的咖啡口味。

顺滑的HARIO

和扇形滤杯不同，HARIO是圆锥形的新型滤杯。其特征是一个大孔和从上部延至底部的螺旋纹。由于螺旋纹，粉末充分膨胀，可以形成较好的口感。

发挥滤杯的
实力

了解滤纸的构造

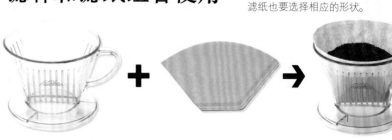

用滤纸

只过滤

咖啡的基础知识
009
COFFEE BASICS

滤杯和滤纸组合使用

滤纸要选择适合滤杯的形状

将滤纸和滤杯组合使用。滤杯大致可以分为梯形和圆锥形两种，滤纸也要选择相应的形状。

梯形滤纸	圆锥形滤纸	梯形滤杯	圆锥形滤杯
梯形滤纸比起圆锥形滤纸有更多的折痕	圆锥形滤纸的特点是折痕较少	梯形滤杯代表为卡利塔式、梅丽塔式等	圆锥形滤杯代表为HARIO式等

咖啡的基础知识
010
COFFEE BASICS

谁冲泡都很美味的
卡利塔波浪滤纸

使得平均的滴滤成为可能
划时代的独特波浪构造

可以均匀滴滤的
独特波浪构造

波浪滤纸是作为卡利塔的波浪系列专用的滤纸而推出的。正如字面意思，它是波浪形的茶碟状，侧面有20个褶皱，这会尽量减少滤纸和滤杯之间的接触面积。因此，即使是初学者也可以使热水很好地流下。它的效果很显著，请一定要尝试。

卡利塔
波浪滤纸185
（50枚装）
市场价格：388日元
（约人民币25元）

如果想追求美味的话，滤纸也要讲究

手冲咖啡中意外被忽视的部分就是滤纸。滤纸不仅是过滤咖啡，还肩负着吸收微量的油脂的重要作用。因此，"虽然形状不合适，也还能凑合用……"这种说法是制作不出好喝的咖啡的。

首先，遵循"梯形滤杯用梯形滤纸""圆锥形滤杯用圆锥形滤纸"的原则，根据滤杯的形状选择合适的滤纸是最低条件。再者，也请注意尺寸。此外，厂商根据不同的滤杯也开发了各种不同的滤纸，尽量选择同个品牌的滤杯和滤纸。

关于滤纸的使用方法，也有正确的安装方法。首先，将滤纸的接触部分折叠使用。如果是梯形的话，首先折叠底面，再将侧面进行反方向的折叠。如果是圆锥形的话，只需要折叠一个地方。像这样特意折叠后再使用，是为了使滤纸和滤杯

萃取美味

咖啡的基础知识 011 COFFEE BASICS

梯形滤纸的折叠方法

1 折出底面的接缝

梯形的滤纸在侧面和底面有两条虚线的接缝,首先折出底面的接缝。

2 折出侧面的接缝

接下来折侧面的接缝,此时要和底面的折叠方向相反,这样就会对称。

3 完成

图示是侧面和底面的接缝折叠起来的状态。这样就适合装到梯形的滤杯中。

圆锥形滤纸的折叠方法

1 折叠侧面的接缝

圆锥形的滤纸只有一条虚线接缝,所以只需要折叠侧面的接缝。

2 完成

图示是侧面的接缝折叠后的状态。这样就适合装到圆锥形的滤杯中。

咖啡的美味

咖啡的基础知识 012 COFFEE BASICS

无纸化也能充分享受 咖啡豆的美味

运行成本低 也是优点之一

充分萃取出咖啡的美味成分和油脂

用金属网眼进行过滤的无纸滤杯。它比滤纸的网眼大,因此能将滤纸阻隔在外的油脂也一并萃取出来。所以能感受到新鲜咖啡豆的美味,但如果是比较低级的咖啡豆,会将杂味一并萃取出来。因此比较适合萃取高级咖啡。

正确选择 滤纸的方法

搭配同个厂商的滤杯是基本原则

滤纸在形状和尺寸上与滤杯适合固然重要,最好也选择和滤杯同样的厂商。原因是,厂商都是以使用自家产品为前提,开发最合适的过滤制品。

三大品牌的滤纸

卡利塔

102
滤纸 棕色
(40枚)
市场价格:172日元
(约人民币11元)

非常流行的滤纸。其特点是用100%的针叶树纸浆做成,卡盘部分用机械压缩而成。

梅丽塔

阿洛魔术
自然棕 1×2
(40枚)
市场价格:172日元
(约人民币11元)

价格便宜质量又好,这款梅丽塔的滤纸在性价比方面非常出色。可以制造出最好的味道。

HARIO

V60专用
滤纸 M 号
(100枚)
盒装
市场价格:432
日元(约人民币
27元)

HARIO的圆锥形滤杯专用滤纸,可以萃取出咖啡更多的美味成分。

充分接触,让热水均匀流下。如果不正确安装的话,可能会出现热水不能顺畅流下,或者是出现杂味等情况,所以请一定要注意。

除了使用滤纸过滤,手冲咖啡中还有"无纸化"的方式。无纸化过滤使用不锈钢滤网等,所以不使用滤纸而能反复使用,但它不能吸收油脂,因此它和滤纸过滤出的咖啡口味大不相同。选择哪种滤纸可以根据个人喜好,可以先尝试一下所有方式。

最后,来讲述一下滤纸的进化。具有代表性的是卡利塔波浪滤纸。它有20个褶皱,从而实现了快速滴落,令咖啡味道也很出色,是面世以来的人气商品。再次强调,滤纸是咖啡萃取中重要的一环。

过滤器具
不同，味道
也不同

了解滤杯以外的咖啡萃取方法

用法兰绒滴滤式咖啡

用法兰绒滴滤再现大家喜欢的味道

咖啡的基础知识
013
COFFEE BASICS

法兰绒滴滤
丝滑的布料包裹

醇厚的味道

比滤纸更难处理的法兰绒滴滤，能够萃取出含有甜味的油脂，从而制作出咖啡党们所憧憬的醇厚而富有深韵的味道。由于冲倒热水的速度会对咖啡的味道产生直接的影响，因此，它被认为是面向中产阶级的一种滴滤方式，也请您一定尝试一下。

法兰绒滴滤的特点

能够冲泡出醇厚的味道

法兰绒的保存费时费力

冲泡咖啡用法兰绒滴滤的窍门

将咖啡豆磨成
粗研磨度或
中等粗细

法兰绒滴滤是使用滤布，因此最适合的咖啡粉末是中等或者粗研磨度。中等粗细大约是磨成介于细砂糖和粗糖之间的粗细。

由于保存时也要十分注意而显得有趣的法兰绒滴滤

使用新的法兰绒布时，要先用咖啡粉加热水煮沸，以除去布料的味道。并且，使用过后要将法兰绒滤布泡在水中，放入冰箱冷藏保存。

像冲泡红茶般的法式滤压壶

咖啡的基础知识
014
COFFEE BASICS

法式滤压壶

放入粉末之后倒入热水，等待四分钟后按压！

法式滤压壶由于其操作简便而十分具有人气，无论谁做都不会失败，都能制作出美味的咖啡。在壶中放入咖啡粉之后，倒入热水，等待几分钟，然后一口气按下柱塞进行滤压。如冲泡红茶般进行了"蒸"的工序，能够萃取出咖啡的甜味。

法式滤压壶的特点

不需要滤纸就可以
简单冲泡

充分萃取出咖啡豆的香味

用法式滤压壶冲泡的窍门

咖啡豆粉末
最好是粗研磨度
并直接萃取

由于不使用细孔的滤网，咖啡豆最好是研磨成和粗糖差不多粗细的研磨度。其特点是苦味较少，并呈现出较强的酸味。

蒸的时间是
非常重要的，它是
冲泡方法的重点

法式滤压壶需要将热水和咖啡粉末混合，并且以此状态维持一会儿。时间过长，咖啡会变浓；时间过短，咖啡就会变淡。要看准时机。

使用个性满满的器具 邂逅与众不同的味道

不同的国家对于咖啡有着不同的偏好。由于饮用方法的不同，用来冲泡咖啡的工具也会不同，从而也发展成了不同的咖啡文化。比如，法式滤压壶就如同其名称，是发源于法国的。在圆筒状的容器中放入咖啡粉，再倒入热水，按下盖子上自带滤网的柱塞，使水和咖啡粉分散开，然后再蒸四五分钟，就可以冲泡出咖啡，这属于非常简单的冲泡方法。咖啡豆最好选择粗研磨度，咖啡油和微微的粉末相互作用，可以品尝到和滤纸制作出的咖啡完全不同的味道。在日本，咖啡馆一般都是使用法兰绒滴滤咖啡。据说法兰绒滴滤起源于法国，但现在法国几乎没有使用这种器具了。反而在日本的较为讲究的咖啡店中，这种器具和技术还在被不断地传承着。难以使用的器具在职人手中熟练地操纵着，那种姿态可能是最触动人心的。使用法兰绒的柔软滤袋，充分地烘蒸，使得咖啡粉末膨胀，再用纤

壶享受独特的味道

咖啡的基础知识
015
COFFEE BASICS

蒸汽滤压咖啡壶

用于萃取浓缩咖啡的蒸汽滤压咖啡壶

用蒸汽滤压冲泡咖啡的窍门

用蒸汽的压力来萃取咖啡

在浓缩咖啡的发源地意大利，大半的家庭都有这种直接烘烤的蒸汽滤压咖啡壶。将咖啡粉倒入粉槽中，在壶底部加入水，点火沸腾之后，蒸汽就会穿过泄压阀粉槽，萃取出上好的浓咖啡。

蒸汽滤压咖啡壶的特点

直接烘烤就能冲泡出浓缩咖啡

小型便携

咖啡豆需要彻底研磨成极细的咖啡粉

放入咖啡壶粉槽中的咖啡豆，必须使用彻底研磨而成的极细粉末。由于接触空气之后，咖啡很快就会变质，因此在使用之前研磨是最佳选择。

只需要放入水和咖啡豆严禁使用洗涤剂！

用蒸汽冲泡咖啡的蒸汽滤压咖啡壶是精巧的器具。使用后务必记得只用水清洗。如果使用洗涤剂的话，会失去难得沾染上的咖啡香，就白费劲了。

咖啡的基础知识
016
COFFEE BASICS

过滤式咖啡壶

使用咖啡壶过滤式的窍门

室外专用器具——过滤式咖啡壶

可以作为水壶兼用的过滤式咖啡壶

过滤式咖啡壶是在沸腾的水壶中安装上过滤器，在其中放入咖啡粉，水沸腾之后就能冲泡出咖啡。它有着可以作为水壶兼用的优点，作为室外使用的咖啡壶特别具有人气。它有不锈钢制的和搪瓷制的，可以根据不同场合选择。

过滤式咖啡壶的特点

可以作为水壶使用

适合在户外使用

最适合过滤器的是粗研磨度的咖啡粉

由于过滤器的滤孔的大小，放入的咖啡粉最好是粗研磨度的咖啡粉。如果使用细研磨度咖啡粉的话，做出来的咖啡中会混有不少的粉末。

可以从盖子的把手中窥探并确定咖啡的浓淡

为了确认咖啡的冲泡情况，可以从盖子的把手中查看并判断。由于把手是透明的，可以从中看见内部咖啡的情况。最佳萃取时间是三分钟左右。

根据萃取咖啡的器具，选择不同粗细的咖啡粉

前文提到用结实布料过滤的法兰绒滴滤，用蒸汽蒸制的蒸汽滤压咖啡壶，用金属压制过滤的法式滤压壶等。咖啡的萃取方法多种多样，而选择与其相对应的咖啡粉粗细也很有必要。一般从粗研磨度到细研磨度大致可以分为三种类型：

细研磨度

和砂糖颗粒差不多粗细。用于想要强调苦味和涩味时，或者是制作水咖啡。适用于蒸汽滤压咖啡壶或者是滤纸滴滤。

中研磨度

介于砂糖颗粒和粗糖颗粒之间的粗细。它可以使得咖啡的味道恰到好处地呈现。适用于滤纸滴滤和法兰绒滴滤、咖啡机。

粗研磨度

和粗糖颗粒差不多粗细。苦味较少，会呈现出较强的酸味。适用于法式滤压壶、过滤式咖啡壶、无纸化滤杯。

细的热水流滴落，并精心萃取咖啡。由于咖啡豆和热水的温度、热水的冲倒方法等的不同，会使咖啡味道产生微妙的变化。越磨炼技艺，咖啡的味道会越好，由此也会产生具有个性的独特味道。但是，这对初学者来说门槛略高。说起意大利的话，著名的咖啡莫过于浓缩咖啡了。和商用的电动式咖啡机相反，家庭中常常喜欢用一种叫作"蒸汽滤压咖啡壶"的小型直接烘烤式的意式咖啡壶。只需要加入咖啡粉和水，并且点火，就能轻松制作出意式咖

啡。咖啡壶经常使用之后就会染上咖啡的香味，冲泡出的咖啡香味更加浓郁。将充分烘焙后的咖啡豆磨成细研磨度后使用最佳。过滤式咖啡壶在美国西部大开发时代开始流行。在咖啡壶的粉槽中放入咖啡粉，下面加入水，直接点火烘烤，沸腾的热水和咖啡液等通过过滤器的管道，循环之后就能萃取出咖啡。虽然由于长时间的加热，会稍微有损咖啡风味，但过滤式咖啡壶的便利性以及结实程度，使得它长期成为人们户外饮用咖啡的爱用品。

第一章
咖啡的
基础知识

Basic
Knowledge

咖啡杯的
种类和
享用方法

使用不同的咖啡杯，咖啡的风味也会变化

根据咖啡

了解四种咖啡杯的类型和冲泡味道

杯子的形状或厚度不同，咖啡味道会产生变化

咖啡的味道会受到滴滤的器具、方法、咖啡粉的数量、热水的温度等各种各样因素的影响。人们容易觉得萃取出来的咖啡味道就是最终的味道，但事实上，根据杯子的不同，咖啡的味道也会变化。准确地说，咖啡味道好像变化了一样。

边缘不外扩的厚壁杯

味道的特点

- 圆润的醇度
- 恰到好处的苦味

适合以醇度、苦味为特征的咖啡

它的形状可以让人享受圆润的醇度。特别是摩卡、曼特宁等以苦味为特征的咖啡。杯子的边缘笔直，易感受到苦味，而杯壁较厚，易品味到醇厚的味道。

边缘不外扩的薄壁杯

味道的特点

- 口感很好
- 捕捉苦味

适合口感轻快的爽口咖啡

由于口感很好，能够捕捉到苦味，非常适合口感略微爽口的咖啡。杯子的边缘笔直，容易让人感受到苦味，而杯壁较薄，又能让人品味到爽口的味道。

边缘外扩的厚壁杯

味道的特点

- 适合喜欢酸味的人
- 能够品味到爽口和醇度

适合上等的酸味咖啡

能够品味爽口的味道和酸味，同时也能感受到苦味。最适合喜欢酸味咖啡的人。由于边缘外扩，容易感受到酸味，而杯壁较厚，又能让人品味到醇厚的味道。

边缘外扩的薄壁杯

味道的特点

- 享受爽口
- 含有酸味

适合含有酸味的美式咖啡

由于强调爽口，最适合浅度烘焙的美式咖啡等咖啡口味。由于边缘外扩，容易感受到酸味，而杯壁较薄，又能让人品味到爽口的味道。

不同咖啡杯的种类会改变咖啡的味道和香味

你平时是使用什么样的咖啡杯喝咖啡的？商店里贩卖着各种各样的杯子，如果不同种类的咖啡杯能够喝出不同的咖啡味道的话……在此了解一下咖啡杯的种类和其中的讲究。

咖啡杯的种类主要分为普通咖啡杯、马克杯、小咖啡杯、牛奶咖啡杯等几种。普通咖啡杯就是用来喝普通的热咖啡的杯子，它是最一般的咖啡杯。马克杯的特点是容量比一般的杯子要大。最近也有越来越多的店铺用马克杯来提供咖啡。小咖啡杯是浓缩咖啡专用的杯子。此外，牛奶咖啡杯就如同其名称，是为了喝牛奶咖啡而设计出来的杯子。

喝不同种类的咖啡会选择不同的咖啡杯，但是除此之外，还请注意不同杯子引起的咖啡味道

选择咖啡杯

结合咖啡的种类选择咖啡杯

咖啡的基础知识
018
COFFEE BASICS

冰咖啡
耐热杯

玻璃咖啡杯很耐热,不仅可以装冰咖啡,还可以用来装热饮。由于是透明的,还可以看见维也纳咖啡的漂亮的分层,这也是它的优点。

普通咖啡
咖啡杯

在喝一般的热咖啡时使用。容量是120~150毫升。比这个尺寸大的180~250毫升的被称为马克杯。

牛奶咖啡
牛奶咖啡杯

喝牛奶咖啡专用的杯子。尺寸较大,整体是圆圆的碗形,由于有一定的厚度,用手拿着的时候皮肤也可以感受到温热的感觉。

浓缩咖啡
小咖啡杯

小咖啡杯是装浓缩咖啡用的杯子。浓缩咖啡一般是1杯30毫升左右,因此小咖啡杯的特点就是只有普通的咖啡杯的一半大小。

根据喜欢的口味选择咖啡杯

咖啡的基础知识
019
COFFEE BASICS

醇度

酸味 ← → **苦味**

爽口

边缘不外扩的薄壁杯
这种杯型可以让喜欢苦味的人轻易捕捉到苦味

边缘外扩的薄壁杯
这种杯型可以让人享受到酸味和爽口感

边缘外扩的厚壁杯
这种杯型可以让喜欢酸味的人清晰地享受到酸味

边缘不外扩的厚壁杯
这种杯型可以让喜欢涩味的人品味到圆润的醇度

不同杯子的形状和厚度造成味道的不同倾向

边缘外扩的杯子可以让咖啡在嘴里瞬间扩散开来,因为这会刺激位于舌头两侧感知酸味的部分。用边缘笔直的杯子喝咖啡时,咖啡会直接到达舌头根部,从而感受到强烈的苦味。用边缘较薄的杯子喝咖啡会感觉味道爽口,而边缘较厚的杯子会使得咖啡的味道喝起来更加鲜明醇厚。

即使是同一种咖啡,也会因为杯子的形状和厚度的不同而使得味道产生微妙的变化

佐奈荣学园 咖啡厨房学园园长
富田佐奈荣

在滴滤之前,把所有器具都加热

在冲泡咖啡的时候,如果滤杯等器具是冷却的话,倒入的热水也会冷却,从而不能充分提取出美味。器具加热与否,做成的咖啡会产生5℃左右的差别,请注意这一点。

器具的加热方法

1 在滤杯中加入热水加热

首先将热水浇遍滤杯整体。

2 在水壶中留有积水

将热水留在壶中,这样水壶也能够温热。

3 将水壶中的热水倒入杯中

最后,将留在水壶里的热水倒入杯中,对杯子进行加热。

的差异。咖啡的味道和杯子的形状有关系。咖啡的味道会因杯子的选择有微妙的味道差异,简而言之,像普通咖啡用的边缘外扩的咖啡杯,会突出酸味,马克杯那样边缘笔直的杯子会使苦味更突出。这跟和舌头接触以及咖啡扩散的方式有关,因此可以将自己喜欢的口味作为参考来选择杯子。

此外也请注意咖啡杯的厚度。厚壁咖啡杯会比较适合比较浓厚的咖啡,薄壁咖啡杯会比较适

合爽口的咖啡。另外,如果是重视香味的人,选择边缘外扩的类型比较好。但是这种类型的杯子装咖啡时,咖啡会凉得比较快。喜欢热咖啡的人,选择开口小的杯子比较好。

此外,咖啡杯的花纹等也要讲究。不仅是味道和香味,视觉效果上的享受也是咖啡文化的一部分。

省心不费力
的滴滤

了解咖啡机的使用方法

用咖啡机轻松制作

稳定的滴滤和机器的自动感果然方便

家庭中也有专家的味道！文明利器的威力

即使准备高级又新鲜的最好的咖啡豆，对于咖啡而言最重要的还是手冲的技术。倒热水的时机、倾倒的水量……在这一点上，咖啡机自带技能，绝对不会失败。

咖啡机基本的使用方法

1 将咖啡粉称量之后放入滤杯中

称量几杯量的咖啡粉，放入装置好滤纸的滤杯中。注意选择尺寸贴合的滤纸。

2 在供水槽中倒入水

用水壶装必要分量的水，将水倒入供水槽中。供水槽也有记忆，设定好大致标准就会很简单。

3 将滤杯、水壶安装到咖啡机上

将滤杯放在水壶上面之后，将两者安装到咖啡机上。

4 打开电源

最后只需要按下电源键，之后就会自动响起咕噜咕噜的萃取咖啡的声音。

耐人寻味的咖啡也能自动冲泡

在家享受美味的咖啡，最好的方法大概是手冲咖啡。在家可以自己调整萃取时的一些情况，但应该也有很多人是享受冲泡咖啡时散发出的香味。然而，在工作忙到空不出手的时候，也会突然想喝好喝的咖啡。事实上，越是在忙碌的时候，越

会需要咖啡的味道和香气来治愈。这个时候就可以借助咖啡机。休息日以及时间充裕的时候可以制作手冲咖啡，而日常繁忙的时候可以交给咖啡机，这样的分工也挺好的。一般滴滤式咖啡机只需要在水槽中加入水，装好咖啡粉，就会自动冲泡出咖啡。滤杯隐藏在壶身内，成为机器的一部分，咖啡会流入水壶中。它的操作通常是固定的，

出一杯美味的咖啡

咖啡机也能"蒸"

咖啡的基础知识
022
COFFEE BASICS

1 首先照常安装

和一般的滴滤一样，将滤纸安装在滤杯内，然后将咖啡粉倒在滤纸内。

2 关掉一次电源

开始萃取咖啡时，马上关掉电源。保持30秒，再次通电，重新开始萃取咖啡。

没有蒸的功能的咖啡机也能蒸

手冲咖啡的时候，为了帮助萃取咖啡，有将粉末进行湿润的蒸的工序。即使是不带有蒸的功能的咖啡机，可以通过将开关关闭一定时间，来进行蒸的工序。

保养只需用柠檬酸简单洗净

咖啡的基础知识
023
COFFEE BASICS

1 将柠檬酸倒入水中溶解

清洗咖啡机时，可以用柠檬酸，十分方便。首先将适量柠檬酸放入水中溶解。

2 将柠檬酸水溶液倒入水槽中

将含有柠檬酸的水溶液倒入水槽中至最大供水量。

3 安装

将滤杯和水壶安装在咖啡机上。

4 打开电源，开始洗净

和平时冲泡咖啡同样的要领：打开电源，开始滴滤。滴滤结束之后咖啡机就清洗干净了。

其优点是可以供应稳定口感的咖啡。但是，咖啡机需要定期地进行保养（洗净），为了保持咖啡的美味，请不要忘记清洗咖啡机。此外，咖啡机除了滴滤式的，还有胶囊式咖啡机、浓缩咖啡机等。胶囊式咖啡机专用各种各样的真空包装的咖啡粉胶囊，只需要将胶囊放入胶囊槽，就会自动冲泡出咖啡，是最近的人气款。胶囊咖啡有普通咖啡、卡布奇诺、红茶等丰富的口味选择，适合喜好各异的家庭。此外，空气密封包装的胶囊除了可以防止咖啡粉氧化，还能够保持刚研磨完时的鲜度，这也是其魅力所在。浓缩咖啡以前只能在咖啡店享受，浓缩咖啡机可以自动冲泡出带有细沫的浓缩咖啡，十分推荐。用喜欢的咖啡机制作咖啡仿佛可以治愈繁忙的时刻。

咖啡机有滴滤式、胶囊式、浓缩咖啡机三种

滴滤式咖啡机

味道的特点

- 滴滤式咖啡原有的味道
- 除去漂白粉功能使得口感提升

价格区间：189~1257元

即使看着咖啡也很享受

基本上按照滴滤式咖啡原理制作的咖啡机。有些咖啡机有除去漂白粉的装置，水质良好的热水能够很好地蒸咖啡粉。

胶囊式咖啡机

味道的特点

- 能制作从拿铁到浓缩咖啡等多种咖啡
- 运行成本高

价格区间：314~1257元

地道的口味在家也能享用！

使用工厂生产的专用真空胶囊冲泡咖啡的机器，不仅能制作普通咖啡，还能冲泡拿铁等多种咖啡。

浓缩咖啡机

味道的特点

- 极细咖啡粉的浓厚口感
- 极细的咖啡粉很难入手

价格区间：628~6285元

便宜的家用浓缩咖啡机

商用几千元才能购买的浓缩咖啡机，家用几百元就可以买到。带有可以调节气压的蒸汽喷嘴以及调节水硬度的功能。

第一章
咖啡的
基础知识

Basic Knowledge

速溶
无咖啡因
花式咖啡

享受多彩丰富的咖啡世界

享受演变的咖啡，

挂耳咖啡
发现自己喜欢的味道！

**可以享受各种口味
推荐什锦包**

挂耳咖啡让你只需要将热水倒入杯子里就可以品味正宗的滴滤咖啡。什锦包中有很多小包，包含各种种类的咖啡，最适合用来比较饮用。

可以享受各种各样的口味

KEY COFFEE
挂耳咖啡
什锦包
市场价格：635日元
（约人民币40元）

＊六种咖啡中含有期间限定品，不同时期会有差别。

味道也大有提升
脱咖啡因咖啡

脱咖啡因的咖啡，怀孕时能安心饮用

咖啡中含有的咖啡因，有着提神效果以及利尿作用等优点，但是，也有着抑制生长激素分泌的缺点。如果是被称作decaf（脱咖啡因咖啡），就不必有此顾虑，可以安心饮用。

保留咖啡本来的美味

M.M.C
无咖啡因咖啡
市场价格：583日元（约37人民币）

脱咖啡因咖啡的构造

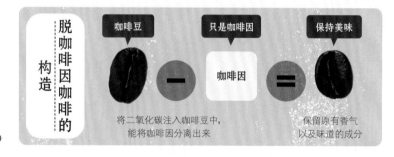

咖啡豆 − 只是咖啡因 = 保持美味

将二氧化碳注入咖啡豆中，能将咖啡因分离出来

保留原有香气以及味道的成分

咖啡的享用方法越来越多

咖啡逐渐成为日常饮品，比如像速溶咖啡的诞生等，时至今日，市面贩售的咖啡也在不断进化。

KEY COFFEE的挂耳咖啡，是将速溶咖啡的简便和美味兼容的产品。只需要将它放入杯子里，倒进热水，就可以享受正宗的滴滤咖啡，十分人气。此处推荐使用什锦包进行咖啡的比较饮用。

根据不同的咖啡豆产地以及烘焙程度等，咖啡豆分为六种，每种有两小包，最适合比较饮用了。为了找到自己喜欢的咖啡口味，请一定要尝试一次这个产品。

此外，对于一天要喝好几杯咖啡的人以及睡眠不足的人，还有怀孕中的女性而言，比较在意的是摄取过量的咖啡因。对于面向这些人群开发、贩售的无咖啡因咖啡，一直以来都有着"味

尝试丰富的选择

咖啡的基础知识
026
COFFEE BASICS

方便制作咖啡的工具

在家也能轻松打奶泡

只要有这个的话就能简单地制作出细腻的奶泡,可以享受各种咖啡配方。

HARIO
奶泡器·小型
价格:1482日元
(约人民币93元)

使用奶油尝试享受花式咖啡吧!

用奶泡或生奶油来增加口味层次

维也纳咖啡一下子拓宽了咖啡的享受方式。如果能在家制作奶泡或者生奶油的话,就能再现各种各样的咖啡配方。

用生奶油调味的甜咖啡

奶泡演绎绵密口感

咖啡的基础知识
027
COFFEE BASICS

奶泡的制作方法

1 用奶锅将牛奶温热。

2 将加热至60℃~70℃的牛奶转移到容器中。要注意,如果超过70℃的话,牛奶就不会起泡了。

3 将容器中的牛奶进行搅拌,使用奶泡器的话,节省时间也很方便。

4 打至奶泡变得浓密就算完成了。

咖啡的基础知识
028
COFFEE BASICS

奶油的制作方法

使用乳脂含量为35%~45%的生奶油。

1 将鲜奶油放入容器中。

2 搅拌至变得蓬松、柔软。

3 变成如图状态就算完成了。

道不够""感觉不到香味"等评价。然而,无咖啡因咖啡最近也变得格外美味,原因在于"咖啡技术的进步"。以前的主流方法是用水来去除咖啡因,这个方法在去除咖啡因的同时,也会导致咖啡香气和味道的流失。

为了解决美味和风味的问题,新开发出了"二氧化碳提取法"。如同其字面意思,使用二氧化碳来去除咖啡因,这种新的提取方法在不失味道和香气的同时,能够去除97%的咖啡因。在自家也请一定要尝试享受无咖啡因咖啡。

如果还想要更进一步地享受家庭咖啡的话,推荐挑战制作含有奶油的维也纳咖啡。奶泡和生奶油的制作方法只要记住一次的话就会意外的简单。特别是对于喜欢甜咖啡的人来说,只能在店里喝到的甜咖啡,在自家也能享受,也是其魅力所在。使用自动起泡器、奶泡器等,更是能够轻松地制作出美味的奶油。尝试各种各样的维也纳咖啡配方,享受各种各样的美味,您意下如何呢?

挑选
美味咖啡豆的
捷径

为了挑选美味咖啡豆
需了解的咖啡豆常识
以及选择店铺的窍门

挑选咖啡豆的基础知识

所谓咖啡豆就是指从咖啡树上摘下的果实的种子

咖啡的果实是这个

**如同樱桃般的红色果实就是咖啡的本源
其特点是在叶子根部聚集生长**

咖啡树是原产于非洲大陆中部的常青树，分为阿拉比卡种和罗布斯塔种两种树种。咖啡树长成后，生出的如樱桃般的果实就是咖啡豆的本源。虽然经过烘焙之后会它变成茶褐色，但由于原来自然成熟时呈红色，因此咖啡果实也称为咖啡樱桃。将咖啡果实切开后，中央有种子，这就是咖啡豆。

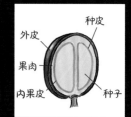

种皮

外皮

果肉

内果皮

种子

咖啡豆制作完成的三道工序

收获

**巴西的农园一年生产
约9200吨的咖啡豆**

将变红的果实用手摘取或者用机器收割。在广大的农园中主要是用机器作业，用手采摘时，在地面上将布铺开，将果实用手指捋开采摘。

精制

**巴西采用非水洗法，
其他地方采用水洗法**

除去咖啡外果皮和果肉，取出种子。可以在日晒后用机器除去外皮，也可以将其放入水槽后再用机器去除。

筛选

**筛选取出生豆，
除去未熟豆和异物**

巴西和哥伦比亚等地区在筛选作业时引入了机器。印度尼西亚在机器筛选的基础上还会用手工挑拣。

长在树上的红色果实会变成香气扑鼻的咖啡

最影响咖啡味道的，肯定是咖啡豆。从购入美味的咖啡豆开始，优雅的咖啡生活拉开序幕。

您是否知道，其实，被称为咖啡豆的东西，实际上是长在咖啡树上的果实的种子。咖啡树是矮小的常绿灌木，种植在被称为咖啡带的热带地区。它一年会开一次白花，然后结出果实。

果实成熟之后会变红，由于长得像樱桃，因

此也被称为咖啡樱桃。此时食用的话会有甜味，因此在当地它也会被当成在收获时帮忙的孩子们的零嘴。但是，由于种子很大，几乎没有果肉。可能这也是其作为水果无法食用的理由。

在巴西等的广阔农园里，收获也是生机勃勃的。将布铺在大地上，在上面放上带枝的果实，用手来回捋动枝丫，采摘果实。没有完全成熟的果实也会被一并采下，在后来的工序中被除去。因为实在是非常浩大的工序，如果认真筛选完全成

推荐新手在专卖店购买咖啡豆

为了更加美味的咖啡生活的精选店铺

在咖啡豆的专卖店，除了咖啡豆，几乎都会有售饮用美味咖啡所需的所有工具。店里有着具备专业知识的员工，可以根据客人的喜好帮客人挑选咖啡。并且，关于适合咖啡豆的烘焙以及萃取器具，从使用方法到保养方式等，他们都会一一耐心告知。对咖啡新手而言，利用专卖店，可以说是为了能在自家饮用美味咖啡的捷径。但是，店铺有营业时间的限制，以及家附近不一定有高级的专卖店可供选择。

购买咖啡豆的场所以及各自的特点

咖啡专卖店
可以和店员商量咖啡豆的研磨度。可以试饮，能闻到咖啡的香味是其魅力。

超市量贩店
购买便利，价格较低，但是豆子的品质和新鲜度一般。

网络通贩
根据店铺可以分为能够指定烘焙程度和豆子状态和不能指定两种。

买咖啡豆比买咖啡粉更能保持新鲜度

冲泡美味咖啡的诀窍是咖啡豆的新鲜度

很多人应该都是根据喜爱的产地或种类等购买咖啡豆的。但是首先应该注意的是咖啡豆的鲜度。烘焙过的咖啡豆会迅速酸化，香气和风味也会受到影响。此外，咖啡豆维持豆子形态要比磨成咖啡粉更能长久保持鲜度，因此更推荐购买咖啡豆。如果因为家里没有磨豆机而选择购买咖啡粉的话，尽量购买一周内就能饮用完毕的量。

> 有磨豆机的话，可以在自家研磨

在冲泡咖啡前临时研磨咖啡粉，可以冲泡出一杯香浓又美味的咖啡。

熟的果实的话，会无法完成作业。

另外，在哥伦比亚，山坡十分陡峭，因此只将完全成熟的果实精心摘取，一颗一颗地用手摘下放入篮子里。因为是手工采摘，所以哥伦比亚产的咖啡豆人气很高。趁着采摘下来的果实还新鲜，进行除去果皮和果肉的工序。最近在印度和印度尼西亚、越南、夏威夷等地，以及亚洲环太平洋地区，咖啡的势头也变旺了。根据不同的产地能享受各具特色的味道，也是咖啡的魅力。

知道混合和纯饮的区别

品味个性的纯饮及平衡的混合咖啡

在咖啡厅或者咖啡专卖店，肯定会有混合咖啡。混合咖啡是辨别各种各样咖啡豆的酸味或苦味、香气或醇味等个性和弱点后，将数种咖啡豆混合制作而成。由于咖啡豆的组合或者比例是没有规则的，做成怎样的混合咖啡就成了店内独特的口味。也有很大比例的店是将混合咖啡作为招牌商品的。习惯了之后，可以将数种咖啡豆混合，用研磨机自行研磨，自己制作原创混合咖啡，也是一种乐趣。

混合咖啡
数种咖啡豆混合而成。巧妙结合豆子特征决定了搭配比例。

纯饮
单一种类的咖啡粉冲泡出的咖啡。为人熟知的种类有摩卡、乞力马扎罗咖啡等。

购入喜欢的口味的咖啡豆之后，将咖啡豆放在容器中保存，在两周之内饮用完毕是饮用美味咖啡的重点所在。如果想要长期保存的话，最好存储在冰箱内。如果能在脑海中浮现出咖啡豆原本是红色果实的话，或许此时你就能领会为什么说鲜度就是咖啡的生命了。

选择美味咖啡的专卖店

想要购买美味的咖啡豆，最好还是在专卖店进行购买。并且，在找到聚集了各种美味咖啡豆的店铺之后，首先尝试一下该店的混合咖啡。混合咖啡由数种咖啡豆混合制作而成，可以说是咖啡店的颜面。如果喜欢该店的混合咖啡的口味，那么肯定会和那家店很合拍。除此之外，将选择美味咖啡专卖店时的注意要点总结如下。去发掘让你能够享受更美好的咖啡生活的店铺吧！

细节 1
自家烘焙咖啡豆

在自家进行烘焙的店铺，会将贩卖的咖啡豆在店内进行烘焙。如果还没有选择好最初入手的咖啡豆或者自己喜欢的口味的话，可以让店员根据店铺推荐的烘焙度进行烘焙。

细节 2
周转率高

人气店内贩卖好的咖啡，会一直处于马上入货又马上卖出的状态。因为商品的周转率高，能够入手足够新鲜的好咖啡豆，因此十分推荐。

细节 3
店员亲切

新手的话可以将自己的喜好告诉熟知咖啡的店员，一边商谈一边选择购买，如此一来十分安心。如果店内有熟知咖啡知识又十分亲切的店员，就能够获取各种各样的信息。

了解咖啡豆的种类

咖啡通必须知道的
咖啡豆知识

咖啡的基础知识

033

COFFEE BASICS

世界上咖啡豆种类主要分为阿拉比卡种和罗布斯塔种两大类

生豆的状态

是选择美味香醇但费工夫的品种，还是选择又苦又涩但是可以随意混搭的品种？

就像大米中有籼米、粳米一样，咖啡树也有各种各样的品种。细分的话据说有大约50种，大致可以分为阿拉比卡种和罗布斯塔种两种。阿拉比卡种的生产量大约占60%，罗布斯塔种占20%～30%，现在市面流通的咖啡豆基本都是这两种。加上利比里卡种，一共被称为咖啡三大原种，但是利比里卡种的生产量不过只有1%。阿拉比卡种和罗布斯塔种在培育环境和味道、香气、咖啡豆形状等各种方面都存在差异。先记住两者的特征。

了解阿拉比卡种和罗布斯塔种的特征

阿拉比卡种

**拥有甜花般的香味，
特点是花卉的芳香和强烈的酸味**

最初的原产地是非洲的埃塞俄比亚，种植在海拔1000～2000米的高原上，不耐冰霜、干燥和病虫害。它是一种培育时需要花费工夫的品种，但是由于其具有强烈的酸味和花一般的香气，生产量在全部咖啡豆中占七成，以压倒性的优势光荣夺魁。

罗布斯塔种

**生长迅速，抗病虫害能力强，
特点是具有苦涩交织的独特风味**

原产于非洲刚果，可以在300～800米的低海拔种植，生长迅速。特点是抗病虫害能力强，产量高。由于苦味浓烈，带有涩味，有着强烈的个性风味，多作为混合咖啡、速溶咖啡、罐装咖啡等的原料使用。

不同土地培育出的两种咖啡豆的差异

咖啡豆对于种植地有着很严格的条件。年降雨量在1800～2500毫米，有适度的日照，平均气温在20摄氏度左右，拥有肥沃且容易排水的土地，海拔500～2500米的山或者高原。具备以上所有条件的地区被称为咖啡带，是位于以赤道为中心，南北纬25度之间的高原地带。

巴西和东南亚、中南美、中东等咖啡生产国位于咖啡带内，上述国家中种植的咖啡豆主要是从阿拉比卡种和罗布斯塔种的咖啡树上采摘的。阿拉比卡种种植在海拔450～2300米的高地。由于是在山里或者高原上，作业很费劲，其抵抗病虫害的能力弱，所以它在种植时很是费工夫。虽说如此，阿拉比卡种还是有着很多的品种，占世界咖啡豆生产总量的70%。它的味道和香气都很

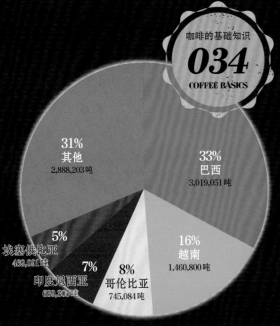

咖啡的基础知识 034 COFFEE BASICS

了解世界咖啡豆生产地前五名

巴西占首位，其次是越南
不同环境孕育出咖啡豆的不同味道

　　占据首位的果然是巴西。具有代表性的咖啡豆是巴西山度士。作为近年产地迅速成长的越南位列第二。由于越南主要生产罗布斯塔种，因此它主要作为混合咖啡或者速溶咖啡贩卖。位列第三的哥伦比亚咖啡豆是淡咖啡的代表，哥伦比亚麦德林尤为闻名。位列第四的印度尼西亚的曼特宁、塔拉加、麝香猫等咖啡豆受到高度评价。位列第五的埃塞俄比亚是咖啡豆的一大产地，国民每五人就有一人种植咖啡。摩卡哈拉咖啡是具有代表性的咖啡豆。

饼图数据：
31% 其他 2,888,203吨
33% 巴西 3,019,051吨
16% 越南 1,460,800吨
8% 哥伦比亚 745,084吨
7% 印度尼西亚 639,305吨
5% 埃塞俄比亚 469,091吨

出处：FAO（Food and Agriculture Organization）

咖啡的基础知识 035 COFFEE BASICS

了解在日本也很有人气的高级咖啡豆及其特征

日本的咖啡进口量，这50年翻了50倍

　　咖啡最初传到日本是17世纪的时候。在当时自不用说，是特定人的饮品，而如今，日本人人均咖啡的消费量为一周11杯。日本是仅次于美国、德国、意大利的世界第四大咖啡进口国。先来了解在日本特别具有人气的咖啡品种的产地和味道的特征。

危地马拉
在以火山和热带雨林闻名的中美洲种植。甜美的香味和略浓的上等酸味，恰到好处的醇厚口感是其咖啡豆的特点。种植地域具有多样性，味道也丰富多样。

乞力马扎罗
位于坦桑尼亚的非洲大陆最高峰乞力马扎罗山山上种植的咖啡豆。在1000米以上的高原培育，其特点是具有强烈的酸味和香味，以及充盈的醇厚口感。

翡翠山
经过哥伦比亚的农学代表组织FNC严选认定，全部生产量仅有不到3%的高级咖啡豆。名称源于翡翠和安第斯山脉。

曼特宁
在印度尼西亚苏门答腊岛种植的高级品种。印尼产的咖啡豆主要是罗布斯塔种，但是本品是阿拉比卡种。深厚的醇浓口感和微微苦味的融合十分绝妙。

摩卡
从也门的港城摩卡出口的咖啡的总称，是最古老的咖啡品牌。特点是带有独特的强酸味和果香味。

蓝山
产自最适合咖啡种植的环境——牙买加蓝山的咖啡豆。优雅的香味和调和的甜味使其被称作"咖啡之王"。

好，纯饮咖啡中使用的咖啡豆多为这个品种。
　　罗布斯塔种在低地也能种植，作业更加容易。其抵抗病虫害的能力强，对于环境的适应力良好也是其特长。此外，由于生长得快，产量也很高，约占世界咖啡豆产量的30%。由于有着独特的香气，苦味浓烈，它一般不作为纯饮咖啡饮用，而是作为混合咖啡或速溶咖啡、罐装咖啡的原料使用。这两种咖啡豆，再加上利比里卡种，被称为三大

原种。但利比里卡种只在一小部分地区生产，所以几乎没有贩卖。因此，世界上饮用的咖啡多为阿拉比卡种和罗布斯塔种两种。这两种咖啡豆，味道自不用说，形状外观也有不同。阿拉比卡种呈椭圆形，而罗布斯塔种更偏圆形。即使是同个种类的咖啡，也和红酒一样，会因为培育地区的土壤、气候等的不同，味道产生变化，这也是咖啡的魅力所在。

茶歇笔记

用浓缩咖啡冲泡的咖啡菜单

　　偶尔会想要享受浓缩咖啡。将咖啡豆细细研磨，使用专用的机器，用蒸汽压萃取冲泡而成的浓厚口感是浓缩咖啡的特征。在原产地意大利，一般加入1～2勺砂糖后饮用。

浓缩咖啡
通过专用机器用蒸汽压将磨细的咖啡豆瞬间用热水冲泡。其特征是浓厚的口感。能够很强烈地感受到咖啡的苦味，也能够享受后味中留存的醇厚口感。

卡布奇诺
将浓缩咖啡、蒸汽牛奶、泡沫牛奶以1:1:1组合而成。虽然它和拿铁很像，但卡布奇诺中泡沫牛奶的奶泡会圆润地凸起。

拿铁咖啡
在意大利语中是"咖啡牛奶"的意思。它是牛奶咖啡的浓缩版本，由于使用了浓缩咖啡，会比牛奶咖啡的味道更浓厚，也有使用蒸汽牛奶制作的。

摩卡咖啡
浓缩咖啡中加入巧克力糖浆和脱脂奶而成。也可以将打发的奶油放在顶部。它的特点是，虽然甜味很明显，但是也能感受到苦味。

玛奇朵咖啡
在浓缩咖啡中倒入少量的泡沫牛奶而成，用泡沫牛奶来凸显出咖啡的味道。玛奇朵在意大利语中是"印记"的意思。

咖啡豆正确的保存方法

咖啡的基础知识
036
COFFEE BASICS

根据喜好
选择烘焙度

即使是同种咖啡豆，也会因为烘焙度的不同而使得风味和香气产生巨大的变化。烘焙度细分的话可以分为八个阶段，结合不同品种的咖啡豆和饮用方法选择烘焙度。

酸味——强

极浅烘焙

最浅层次的烘焙。口味和香味均不足，一般不用作饮用。在烘焙的检验时使用。

肉桂烘焙

和肉桂的颜色相近。比起极浅烘焙更有香味，酸味很强，没有苦味。适合上等酸味的咖啡豆，如黑咖啡。

微中度烘焙

从微中烘焙开始，咖啡豆呈现出我们所熟悉的茶色。酸味较强，苦味较弱，口感比较清爽。适合美式咖啡。

浓度烘焙

标准烘焙度之一。酸味和苦味、甜味达到平衡，充分展示纯饮咖啡的个性。

意式烘焙

最深度的烘焙，颜色接近黑色。有着浓厚的苦味和香气，适合浓缩咖啡和卡布奇诺。

法式烘焙

几乎没有酸味，苦味和口感较为突出。和牛奶混合在一起也能充分体现出咖啡的味道，因此适合牛奶咖啡。

深城市烘焙

苦味较酸味强。此外，咖啡豆的脂肪渗透至表面。适合冰咖啡或者浓缩咖啡。

城市烘焙

标准的烘焙度。苦味和醇厚口感较酸味更突出。这种烘焙度也适合纯饮咖啡。

苦味——强

咖啡的基础知识
037
COFFEE BASICS

了解咖啡豆正确的
保存方法

长期保存，放入冰箱
冷冻保存

确实需要长期保存咖啡豆的时候，可以在冰箱内冷冻保存。咖啡豆可以保存1～2个月，粉末状态可以保存2～3周的时间。

放入冰箱冷藏保存

温度和湿度越高，咖啡坏得越快。特别是烘焙后的咖啡豆，由于特别容易受潮，需要用冰箱冷藏保存。

密封保存很重要

咖啡接触空气之后容易氧化从而变味。将数日饮用的分量分装在密闭容器或者袋子中保存，尽量不要暴露在空气中。

咖啡属于生鲜食品，会随着时间流逝而变质。如果不正确保存的话，会加快变质变味。咖啡的天敌有四个：高温、湿度、氧气、光。避开这四个要素保存，可以尽量延长享受咖啡的乐趣。

即使同种豆子也会改变咖啡的味道

　　烘焙就是将咖啡豆进行加热煎炒。生咖啡豆是浅绿色的，加热之后由于发生化学反应，就变成了常见的巧克力色，从而进一步释放出香气和风味。

　　烘焙根据加热时间和程度分为不同阶段，称为烘焙度。烘焙度大约可以分为浅度烘焙、中度烘焙、深度烘焙三个阶段。烘焙度越浅，酸味越强，烘焙度越深，咖啡豆苦味越强。

　　在日本，烘焙度进一步被细化，分为八个阶段。如上图所示，极浅烘焙到肉桂烘焙是浅度烘焙，微中度烘焙到城市烘焙是中度烘焙，深城市烘焙到意式烘焙是深度烘焙。即使是同种豆子，根据烘焙度的不同，也会产生完全不同的味道。因此，可以通过改变烘焙度来享受咖啡豆不同的味道。

关键词 3　研磨程度

咖啡的基础知识
038
COFFEE BASICS

根据萃取器具选择研磨度粗细

根据饮用方法的不同，有着各种各样的咖啡萃取工具可供选择。并且，根据各式各样的工具，有着相对应的咖啡豆的研磨状态。知道目标用量，结合自己使用的器具和饮用方法，选择合适的研磨状态。

粗研磨度	中研磨度	细研磨度	极细研磨度
和粗砂糖差不多的粗细。苦味较少，酸味略强。由于咖啡的浓度会变淡，冲泡一人份时，推荐使用较多的咖啡粉。	颗粒粗细介于粗砂糖和细砂糖之间。最普通的颗粒粗细，市面上贩售的咖啡都是这种粗细。它能够使咖啡的味道平衡展示。	细砂糖般的粗细的颗粒是细研磨度。想要强调苦味和口感的时候最适合用细研磨度。这种粗细适合萃取浓厚口感的咖啡，因此也适合冷泡咖啡。	最细的，如同粉末般的颗粒。几乎没有酸味，突出苦味。有些品种无法研磨极细粉末，需要提前确认。
萃取器具	**萃取器具**	**萃取器具**	**萃取器具**
法式滤压壶 过滤式咖啡壶 其他	滤纸滴滤 法兰绒滴滤 其他	滤压壶 滤纸滴滤 其他	浓缩咖啡机等

关键词 4　店铺选择

咖啡的基础知识
039
COFFEE BASICS

新鲜的豆子可以在周转率高的店购买

购入咖啡豆的场所，推荐尽量利用咖啡专卖店。特别是新手的话，可以将自己的喜好告知对咖啡熟悉的店员，能够一边商谈一边挑选，让人感到安心。此外，生意很好的人气店不仅是味道好，咖啡豆的周转率也很高，能够经常入手到新鲜的咖啡豆，这也是推荐的理由之一。

卡利塔 CM-50

实际价格：3110日元（约人民币195元）
尺寸：99×82×178（毫米）
重量：750克
只需要按住按钮，刀片就会开始转动的电动研磨机。可以通过按住按钮的时间来调节研磨度粗细。

劳力士 陶瓷制咖啡研磨机

实际价格：6264日元（约人民币393元）
尺寸：49×180（毫米）
重量：约258克
可以调节从细研磨度到粗研磨度。时尚的外观也很讨喜。

研磨时间

研磨咖啡豆的时机是即将饮用前

咖啡豆变成咖啡粉的状态之后，由于和空气接触的面积增加，会加快其氧化，香味也会逐渐消失。因此，最好在即将饮用之前研磨必要的分量。为了能够饮用美味的咖啡，最好在自家也准备一个咖啡研磨机。

根据萃取器具选择咖啡豆的研磨程度

在专卖店买咖啡的时候，除了会询问烘焙度，一般还会一同询问研磨程度。研磨状态是指将咖啡豆磨成粉时的颗粒粗细，一共分为极细研磨度、细研磨度、中研磨度、粗研磨度四种状态。

根据不同的粗细程度，咖啡成分的萃取情况也会不同，因此，配合不同的萃取工具使用是要点所在。颗粒越小，苦味或酸味越容易出来，因此在使用浓缩咖啡机时使用极细粉末。此外，颗粒越小，和热水接触的时间越长。因此，滤纸滴滤一般都使用细研磨度或者中研磨度，而本就容易萃取成分的法式滤压壶则使用粗研磨度。因为诸如以上的理由，有必要根据使用的器具而改变咖啡豆的研磨程度。

另外，研磨咖啡豆时很重要的一点是，颗粒粗细要均匀。颗粒粗细不均匀的话，风味也会有偏差，做出的咖啡会有杂味。为了享受咖啡风味，最好是在即将饮用的时候研磨，因此，尽量选择在自家研磨。研磨的时候也要注意，颗粒粗细要均匀。

有研磨机的话,
咖啡豆的香味
会倍增

用咖啡研磨机磨咖啡豆

咖啡的基础知识
040
COFFEE BASICS

家庭用的咖啡研磨机有三种

手摇式研磨机

不断旋转圆锥形锯齿状的刀片,从而粉碎咖啡豆

推荐会享受手摇乐趣的人的咖啡工具

由于是手摇式的,比起电动的更花时间,这个器具最适合有时间慢慢享受研磨时飘出的咖啡香味的人。

| 特点 | ·很费时间 |
| | ·难以调整研磨粗细 |

螺旋式电动研磨机

以螺旋状的刀片快速转动的方式来粉碎咖啡豆

可以通过改变研磨时间来调整咖啡的粗细

只要打开开关,螺旋状的刀片就会高速转动,迅速磨豆。可以通过研磨时间来调整研磨度。

| 特点 | ·研磨只需数秒 |
| | ·研磨粉末粗细可以通过研磨时间来调整 |

平板式电动研磨机

用上下平面式的刀片夹住豆子从而使其粉碎

**所有步骤轻松操作
轻松是绝对的优点**

平板式电动研磨机在商用上广泛普及。可以用刻度盘调整研磨度,初学者也便于使用。

| 特点 | ·研磨只需数秒 |
| | ·研磨粗细的调整也很简单 |

咖啡的基础知识
041
COFFEE BASICS

咖啡研磨机的保养

咖啡研磨机使用完毕后,将剩余粉末清理干净

对于制造美味的咖啡而言,最重要的事情之一就是使用新鲜的咖啡豆。咖啡豆研磨之后氧化的速度会变快,味道会逐渐劣化。虽然费时间,但是每次都用研磨机重新研磨是最好的方法。

清除堵塞的粉末

研磨刀片

附着在研磨刀片上的粉末用刷子除去。用干燥的布等清理外侧的塑料部分。注意不要让刀片划伤手指。

咖啡粉出口处

咖啡豆变成粉状后排出的地方,也要注意不要附着剩余的咖啡粉,要经常清洁保养。

保养器具

空气抹布。按一下就会喷射气体,可以清洁用布擦不到的细小部位。

浓缩咖啡机用的研磨刷。长长的手柄便于使用,猪毛可以除去细小的粉末。

用自己的研磨机,品味新鲜,享受奢华

说起咖啡的魅力,首先毫无疑问肯定是芳香四溢的香气。刚研磨好的咖啡豆的香味,实际上甚至比起喝的时候的味道更具有刺激性。

从咖啡豆变成咖啡粉,所使用的研磨工具就是咖啡研磨机。冲泡咖啡之前研磨咖啡豆,是享受生机勃勃的新鲜香气及味道的无上幸福的时刻。

难得能在家享受手冲咖啡,咖啡豆当然也想使用刚研磨好的。

然而实际上,可能很多人都会选择在购买咖啡豆的店铺,使用其提供的研磨服务,而在自家持有研磨机的人却是少数。虽然使用磨好的咖啡粉可能也能够享受充分的美味,但是研磨好的咖啡粉会随着时间的流逝而散失香味,味道也会发生变化,这点是不可否认的。想要自己冲泡出最好的

咖啡研磨机正确的使用方法

倒入仓斗中　决定研磨程度　打开开关

1 将咖啡豆倒入仓斗中
称量要冲泡的杯数的咖啡豆，倒入仓斗中。

2 用刻度盘调整研磨程度
转动刻度盘调整研磨程度。结合使用的器具，选择粗研磨度、中研磨度或细研磨度。

3 打开开关
最后打开开关，只需要等待研磨完毕。由于研磨完成后声音会发生变化，由此可以得知研磨终了。

平板式电动研磨机的使用方法和窍门

放入咖啡豆　装上盖子　打开开关

1 放入必要分量的咖啡豆
计量必要杯数的咖啡豆，放入仓斗中。

2 装上盖子
为了避免豆子飞散，装上盖子。

3 连续按下开关
连续按下开关螺旋就会持续旋转，从而持续磨粉。可以通过改变按开关的时长来调整研磨程度。

螺旋式电动研磨机的使用方法和窍门

将豆子放入仓斗中　调整研磨程度　转动手柄研磨

1 将豆子放入仓斗中
将咖啡豆放入仓斗中。手摇式研磨机会因为研磨时间的不同而改变研磨数量，因此不必从最开始计量。

2 调整咖啡豆的研磨程度
用手摇式研磨机也能调整咖啡豆的研磨程度。结合萃取器具调整研磨程度。

3 用固定的速度持续转动
用固定的速度转动手柄的话，可以研磨出均匀的咖啡粉。

手摇式研磨机的使用方法和窍门

咖啡的话，不如尝试在家用咖啡研磨机研磨咖啡吧！此外，比起以粉末状态保存，维持原豆状态保存咖啡还有不容易氧化的优势。

很多人至今没有使用过咖啡研磨机的理由，是因为感觉很费工夫。的确，手摇式的咖啡研磨机等是面向想要享受包括磨豆时间在内的咖啡乐趣的人。手动研磨咖啡豆进行作业，提升了想要花工夫冲泡出最好的咖啡的热情。尽管如此，但是应该几乎大部分人都没有时间或者心情去转动手摇柄。此时推荐的就是电动研磨机。用器械可以将豆子在瞬间粉碎。这个奇妙的器具，让理想

中的刚研磨好的咖啡粉，可以在瞬间内享受到。可能有人会担心电动器具是否会改变咖啡的风味，那就可以尝试选择锋利度超群的精细陶瓷制的研磨机，或者是低速转动的研磨机。这样一来，不容易产生粉碎造成的摩擦热，由于热度是咖啡粉劣化的原因，因此可以减少热量对味道的破坏。首先推荐尝试一下能够轻松使用的电动研磨机研磨出的咖啡味道。这应该会完全改变您的咖啡生活。

世界咖啡产地

中南美地区的产地

01 巴西

巴西的咖啡生产量是世界第一，在巴西种植着约占全世界三成的咖啡，也是在日本最为常见的咖啡豆。代表性的咖啡豆是巴西山度士。

02 哥伦比亚

咖啡生产量第三位。哥伦比亚产的咖啡豆香气口感俱佳，是淡味咖啡的代表。具有代表性的咖啡豆是哥伦比亚麦德林。

03 秘鲁

安第斯山脉中部是有名的优质咖啡豆产地。至今当地也有和低级品混杂的高级咖啡豆，今后品质的提升值得期待。

04 厄瓜多尔

有着世界上海拔最高的咖啡农园，达到了2000～2800米。加拉帕戈斯诸岛产的咖啡豆是农耕方法种植，不使用科学肥料等，非常罕见。

05 洪都拉斯

洪都拉斯境内的水质软水，因为和日本的水比较契合，其生产的咖啡豆在日本具有很高的人气。几乎所有的咖啡豆都是小规模农园种植，特点是具有柔和的甜味。

06 危地马拉

在危地马拉，咖啡多在山坡斜面种植，在大约1370米以上的高地种植的即为高级品。其作为品牌的根基被珍视。

07 墨西哥

中南美洲地区最北端的生产国。由于味道醇厚，苦味较少，通常作为纯饮咖啡使用。有机种植的咖啡和有机咖啡也很有名。

08 牙买加

具备所有咖啡长处的蓝山咖啡的产地。只种植在牙买加东部的蓝山山脉的限定地区。

中南美地区的产地

09 哥斯达黎加

哥斯达黎加的咖啡整体上呈现出优雅的风味和适度的酸味的特点。代表性的咖啡豆是珊瑚山，种植在海拔1500米的陡坡上。

10 古巴

主要种植在中部和西部的山脉地带，代表性的咖啡豆是水晶山。此外，位于东南部的咖啡农园发源地的景观更是录入了世界遗产。

日本持续扩散的咖啡文化

从6世纪开始在埃塞俄比亚开始饮用的咖啡，现如今成了扩散到全世界的嗜好品。世界上一共有大约70个国家在生产咖啡，种植着200种以上的咖啡豆，而占日本进口量第一位的当然是巴西。作为世界上首屈一指的咖啡生产国，巴西的咖啡豆品质优良，为世界各国人民所喜爱。此外，日本还从越南、哥伦比亚、印度尼西亚、危地马拉等40多个国家进口咖啡豆，从而支撑起了日本的咖啡文化。

说起来，咖啡豆的种植必须满足4个严格的条件：年降水量1800～2500毫米；适度的日照；年平均气温20摄氏度左右以及肥沃且排水好的土地。

非洲、中东地区的产地

15 也门 ☰

也门从很久以前就开始盛行咖啡种植。代表性的咖啡豆是摩卡玛塔莉咖啡，其特点是具有水果香气和醇厚的酸味。

17 坦桑尼亚 ◪

坦桑尼亚是东非最大的国家，有着丰富的自然环境，是仅次于蓝山咖啡的乞力马扎罗咖啡的生产国，其特点是强烈的香味和酸味。

19 喀麦隆 ▤

从20世纪年代末开始，咖啡农共同生产高品质的咖啡豆，由此喀麦隆成为引人注目的咖啡产地之一。其生产的咖啡豆特点是柔和的味道和芳醇的口感。

16 埃塞俄比亚 ▤

咖啡豆的原产国。咖啡种植十分盛行，据说五个人里面就有一个人从事咖啡种植相关工作。代表性的咖啡豆是摩卡哈拉。

18 肯尼亚 ▤

肯尼亚的咖啡豆整体品质较高，特别在欧洲卖出高价。一年两熟，从11月开始到次年收获的咖啡豆评价较高。

20 赞比亚 ▤

从1978年开始咖啡豆的种植，作为咖啡的新兴国家引人注目。其出产的咖啡豆后味爽口，带有轻微的酸味和甜味，喝起来有类似红酒的味道。

咖啡种植带

能够种植咖啡的环境

满足种植咖啡的四个条件的土地被称为咖啡带或者咖啡区，是位于赤道向南北各延伸25度的地区范围。中南美洲、亚洲、非洲、中东等主要的咖啡生产国都包括在咖啡带内。

亚洲、太平洋地区的产地

11 夏威夷 ▤

主要种植在科纳地区，虽然只有约600米的低海拔，却和中美洲的海拔1200米的地区有着同样的气象条件。由于咖啡豆品质高且生产量少，在世界上享有高价。

12 越南 ▤

越南咖啡基本上作为混合咖啡或者速溶咖啡使用，近年来越南作为咖啡的产地迅速成长，成为世界第二位的生产国。

13 印度尼西亚 ▬

印度尼西亚的苏门答腊岛和爪哇岛是世界有名的咖啡产地。其生产着曼特宁、塔拉加、猫屎咖啡等在世界上享有高评价的咖啡。

14 印度 ▤

非洲以外率先开始种植咖啡的国家，在卡尔纳卡州种植的咖啡豆尤为有名。代表性的咖啡豆是季风马拉巴尔咖啡。

满足这些条件的地区被称为咖啡带。咖啡带是从赤道向南北纬各延伸25度的地区，因此，咖啡的生产国主要集中在中南美洲、非洲、中东等地也是有理由的。此外，咖啡的种植地点是位于海拔500米～2500米的山或高地。正因为有山或者高地，即使是在赤道正下方的炎热国家，也能保有20摄氏度左右的气温。并且，咖啡豆的种植可以说是非在这些土地上不可。

根据生产国和地区的不同，人们可以享受到各种各样口味的独具特色的咖啡豆。近年来，亚洲很多国家开始盛行种植咖啡豆，约占世界总产量的三成。日本的咖啡进口量在近50年间翻了50倍，今后预计还会持续增加。虽然中南美和非洲的咖啡豆依旧是人气很高，亚洲产的咖啡豆也在扩大其影响力。

享受不同
产地和品种的
咖啡风味

咖啡豆的订购指南

中南美洲

 🇧🇷 巴西　　　　# 001

巴西 沙帕达
自然

伊东屋咖啡
价格：810日元
（约人民币48元）
重量：100克

**果香的酸味和巧克力般的甜味
是其魅力所在**

橙子和樱桃般的果
香，在爽口的酸味
过后，又有黑巧克
力和奶糖般的甜
味，回味久久，正
是其魅力所在。

```
        苦味
醇        │        香
度 ───────┼─────── 味
        │
        酸味
```

（推荐的烘焙度）
深度烘焙～城市烘焙

 🇧🇷 巴西　　　　# 002

蜂蜜

普西普西那咖啡
价格：520日元
（约人民币33元）
重量：100克

**只使用咖啡糖分
附着多的咖啡豆**

保有生长过程中产
生的糖分的咖啡被
称为蜂蜜咖啡，饮
用时能感觉到强烈
的甜味口感，是十
分独特的巴西豆。

```
        苦味
醇        │        香
度 ───────┼─────── 味
        │
        酸味
```

（推荐的烘焙度）
深度烘焙～城市烘焙

 哥伦比亚　　　# 003

翡翠山
（小型农园批量生产）

土居咖啡
价格：2808日元（约
人民币176元）
重量：200克

**62所小规模农园耗时制作的
特别咖啡豆**

有着哥伦比亚产的
独特的深厚口感，
以及巧克力和柑橘
系水果等多种混杂
的复杂香味的特
点。味道柔和，容易入口。

```
        苦味
醇        │        香
度 ───────┼─────── 味
        │
        酸味
```

（推荐的烘焙度）
深度城市烘焙

 🇵🇪 秘鲁　　　　# 004

牛奶咖啡
高桥的农园

豆 中野
价格：550日元
（约人民币34.5元）
重量：100克

**有着被称为"秘境的神秘味道"
的独特风味的咖啡豆**

扎西马以产的咖啡
豆，有着木质的香
味和独特的甜味。
坚果的甜味和木质
香味过后，呈现出
略带酸味的甜味。
虽然味道柔和容易
入口，但是却有很
强的个性。

```
        苦味
醇        │        香
度 ───────┼─────── 味
        │
        酸味
```

（推荐的烘焙度）
中度烘焙～城市烘焙

 🇧🇷 巴西　　　　# 005

巴西

混合堂
价格：972日元
（约人民币61元）
重量：200克

**在口中扩散的香味和充分平衡
的味道，十分容易入口**

从红色的肥沃大地
上运送过来的咖啡
豆。能够做成华丽
香味和咖啡本来的
醇厚口感并存的美
味咖啡。

```
        苦味
醇        │        香
度 ───────┼─────── 味
        │
        甘味
```

（推荐的烘焙度）
深度烘焙

 危地马拉　　　# 006

SHB 法式烘焙

咖啡迷的店
价格：600日元
（约人民币35元）
重量：100g

**既有着鲜明的个性，又充分平
衡的口味**

不过度突出酸味、
口感、香味等，各
种风味也不彼此消
去，充分感受到各
种风味的咖啡豆。
特点是口感清爽，
容易入口。

```
        苦味
醇        │        香
度 ───────┼─────── 味
        │
        酸味
```

（推荐的烘焙度）
城市烘焙

拥有咖啡豆产量世界第一的中南美洲的巴西

　　南美洲的主要咖啡生产国是巴西、哥伦比亚、委内瑞拉、厄瓜多尔、秘鲁、玻利维亚、巴拉圭共和国这七个国家。其中，巴西是世界第一位的咖啡生产国。巴西从1727年开始种植咖啡。位于巴西东南部的米拉斯吉拉斯州、圣保罗州、巴拉那州由于有着最适合咖啡树生长的气候和肥沃的土地，所以开始了以这三州为中心的咖啡种植。而近年来，由于南部受霜害，种植地域逐渐北上。现在，开始盛行以米纳斯吉拉斯州的塞拉多地区为中心的大规模农园种植。种植的咖啡豆品种丰富，有阿拉比卡种和罗布斯塔种等各种各样的咖啡豆品种。从味道特点上看，在日本贩卖最多的就是巴西产的咖啡豆，充分平衡酸味和苦味，易入口。巴西率先在国内开始咖啡的品评会，第

哥伦比亚　# 007

哥伦比亚·维拉·法蒂玛

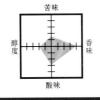

咖啡胡萝卜
价格：1690日元
（约人民币106元）
重量：200克

特点是在口中扩散开来的花香甜味

能够感受到桃子、麝香葡萄、杏子的香味，会随着温度的变化转化成莓果系的风味，留下温和的酸味和花香味的余韵。

苦味

醇度　　　　香味

酸味

（推荐的烘焙度）
深度烘焙～深度城市烘焙

危地马拉　# 008

威地堡农园

咖啡胡萝卜
价格：1690日元
（约人民币106元）
重量：200克

持续着惬意的甜味和芳醇的香味及余韵的后味

把卡马拉种是危地马拉非常珍贵的一种咖啡豆。特点是颗粒较大，还有着莓果系的果香和红酒般丰富的口感。

苦味

醇度　　　　香味

酸味

（推荐的烘焙度）
城市烘焙

茶歇笔记　　　　○

精品咖啡诞生的理由是什么？

不由生产者，而是由消费者来评价

近年来，经常听见"精品咖啡"，这又是什么咖啡呢？精品咖啡这个词最初产生于20世纪90年代中期，在此之前，只有根据各种不同的生产地来决定基准层级，不明确区别农园或者品种等。以红酒来举例的话，就是只知道是"法国产"或者"智利产"的情况。因此，即使等级很高，味道也不一定好。于是就设计出了不是由生产者评判，而是由消费者来确定评价基准的特别咖啡。

茶歇笔记　　　　○

动物带来的梦幻咖啡

从喜好咖啡的动物的排泄物中取出的咖啡豆

在印度尼西亚有一种叫"Kopi Luwak"的咖啡豆。在印尼语中，"Kopi"意为咖啡，"Luwak"意为麝香猫，实际上是从麝香猫的粪便中取出的咖啡豆。麝香猫选择完全成熟的咖啡果食用，不能消化的种子会带着种子周边的薄皮排泄出来。从猫粪中取出的种子洗净去壳之后就成了猫屎咖啡。由于麝香猫的消化酵素和肠内菌群的影响，会形成独特的浓香和复杂的风味，故被称为梦幻咖啡，数量稀少，价格高昂。除此之外，世界上也有其他动物参与到咖啡豆的制成中。如果发现的话，也请一定要品尝一下。

茶歇笔记

咖啡豆会因为发酵而改变味道

新谷和旧谷

对于大多数人来说，新鲜的咖啡豆对于好喝的咖啡而言不可或缺，这是基本常识。但是，您是否知道，咖啡豆也会和红酒一样，有"发酵"咖啡豆？咖啡豆根据收获之后经过的时间不同，有着不同的称呼。和刚收获的时候成为"新谷"相对，发酵三年以上的被称为"旧谷"。进一步细分的话，还可分为近期谷和过去谷，但大部分的咖啡店都会将咖啡豆分为新谷和旧谷两种种类。谷指的就是生豆。

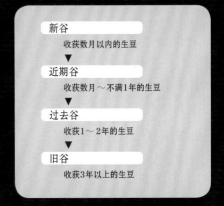

新谷
收获数月以内的生豆
▼
近期谷
收获数月～不满1年的生豆
▼
过去谷
收获1～2年的生豆
▼
旧谷
收获3年以上的生豆

圆润、口味柔和的旧谷

现在，提取尽量新鲜的咖啡豆已经成了标准，然而，旧谷咖啡也有很多忠实的粉丝。新谷中苦味、酸味和香味会比较突出，而旧谷的味道则会呈现出比较柔和的轮廓。但是，并不是所有的豆子都会适合发酵。味道强，在新谷时过于具有个性的咖啡豆才适合成为旧谷。在贩卖旧谷的咖啡店中，甚至可以看到发酵10年以上的咖啡豆。请一定要尝试一下完全成熟之后的咖啡豆的味道。

一届于1999年举办。现在有很多国家都在举办品评会。位于巴西西北部的哥伦比亚是世界第三位的咖啡生产国。其流行在海拔1000米～2000米的山坡斜面种植咖啡，品种主要是阿拉比卡种。1732年哥伦比亚开始种植咖啡树，可以说是从很早就开始种植咖啡。哥伦比亚多以小规模农园的形式种植咖啡，哥伦比亚国立生产者联合会（FNC）支撑管理着从生产者到流通贩卖的过程。从FNC派出的专家和农园一齐努力提高咖啡品质，积极引入最新设备，专注品质种植咖啡。哥伦比亚产的咖啡豆，多是摘取完全成熟的咖啡种子，因此甜味芳醇。适度的酸味中，又带着热带水果的风味。秘鲁至今生产的咖啡多用于混合咖啡。其生产量和出口量都在逐年增加，今后可能也会在各大咖啡豆专卖店看见这个国家的名字。在位于中美洲的危地马拉，国家咖啡协会积极支援农业，咖啡豆基本都在山坡斜面种植，山坡斜面会带来大量树荫，因此，其特点是在树荫下种植。

非洲·亚洲·混合

#001 埃塞俄比亚

摩卡 自然

马戏团咖啡
价格：735日元
（约人民币46元）
重量：100克

让你回想起咖啡是果实

带有果香味，又有着柔和的酸味，同时还能感受到新鲜的香味。苦味没有那么强，能够享受到杜果般的甜味和爽口的风味。

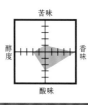

（推荐的烘焙度）
中度烘焙～深度烘焙

#002 印度尼西亚

曼特宁·苏门答腊虎

咖啡胡萝卜
价格：1690日元
（约人民币106元）
重量：200克

所有风味皆为上乘的曼特宁

有着莓果系的醇厚口感。后味是曼特宁特有的绝佳泥土风味，醇厚的口感以及巧克力和坚果般的印象充满魅力。

（推荐的烘焙度）
法式烘焙

#003 混合咖啡

森林咖啡

银座咖啡帕里斯塔
价格：1069日元
（约人民币69元）
重量：180克

在充分平衡的风味和柔和的口感中放松

酸味、苦味、香味各自都不突兀，风味充分平衡。在森林般的咖啡农园中，不使用农药制作出的柔和口感。

（推荐的烘焙度）
中度烘焙（固定）

#004 印度尼西亚

曼特宁 托巴湖

马戏团咖啡
价格：648日元（约人民币41元）
重量：100克

曼特宁丰富的香味和带有甜味的苦味

在印度尼西亚的苏门答腊岛尼夫塔地区种植的咖啡豆。强烈的苦味中带着些许的甜味。由于没有杂味，它出乎意料地容易入口。

（推荐的烘焙度）
深度城市烘焙～法式烘焙

#005 巴布亚新几内亚

橡子农园

土居咖啡
价格：1620日元（约人民币102元）
重量：200克

从萃取时就开始飘散果香味

甜味和苦味都很强，有着深厚的口感。光闻到飘散的果香味就会心情很好。纯饮咖啡自不用说，其鲜明的味道更适合制作咖啡欧蕾。

（推荐的烘焙度）
深度城市烘焙

#006 混合咖啡

丸山咖啡的混合咖啡

丸山咖啡
价格：648日元（约人民币41元）
重量：100克

丰富的香味和耐人寻味的风味有着厚重口感的咖啡

将中南美洲的各种咖啡都经过深度烘焙之后的混合咖啡。甜味和苦味充分平衡，如同巧克力般的风味，可以做成十分华丽的咖啡。

〈焙煎度〉
深度城市烘焙

有着长久历史和传统的咖啡原产地

咖啡树原产于埃塞俄比亚，阿拉比卡种也诞生于此。6～9世纪咖啡传入也门，进而到欧洲，然后在大航海时代（15～17世纪）传到世界各地，直到现在。罗布斯塔种于19世纪在非洲维多利亚湖西被发现，后经由欧洲传播。非洲、中东和咖啡的历史密切相关，现在咖啡也是其重要产业，埃塞俄比亚国内盛行咖啡的种植。埃塞俄比亚人从古时候就开始饮用咖啡，和其他非洲国家的咖啡

豆几乎都用于出口不同，其生产量的40%用于国内消费。说起咖啡的产地，会想到南非、中非等非洲地区，但其实亚洲也盛行咖啡的种植。在位于咖啡带正下方的印度尼西亚，种植着苏门答腊岛的曼特宁，其在世界上享有盛誉，成为印度尼西亚咖啡的代名词。靠近赤道的巴布亚新几内亚，从1928年开始商业种植咖啡，是比较新的咖啡产地。以巴布亚新几内亚中部的哈根山为中心的高原地带为主要种植地带。

法式混合咖啡

咖啡迷的店
价格：600日元
（约人民币38元）
容量：100克

品味鲜明的苦味和口感

苦味和口感很鲜明强烈，后味很清爽，容易入口。喜欢苦味的人请一定要尝试一下这款咖啡。制作成冰咖啡饮用也不会模糊其味道。

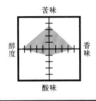

苦味

醇度　　　　　香味

酸味

（推荐的烘焙度）
法式烘焙

法式经典混合咖啡

混合堂
价格：1026日元
（约人民币65元）
重量：200克

微苦的味道中带有柔和的香甜

这款咖啡的味道让人联想到欧洲传统的咖啡烘焙。入口会感觉到苦味，随后又会马上感觉到柔和的甜味。丝滑的口感，十分容易入口。

苦味

醇度　　　　　香味

甘味

（推荐的烘焙度）
深度城市烘焙

淡咖啡

混合堂
价格：918日元（约人民币58元）
容量：200克

清爽的口感和微微的苦味

在哥伦比亚咖啡豆、巴西咖啡豆等单品烘焙之后，又进行混合的混合咖啡。能够做成有醇厚口感的淡咖啡。

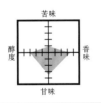

苦味

醇度　　　　　香味

甘味

（推荐的烘焙度）
中度烘焙

刊载店铺清单

- 伊东屋咖啡
  http://www.itoyacoffee.com/
- 银座帕里斯塔咖啡
  http://www.paulista.co.jp/
- 咖啡胡萝卜
  http://www.coffeecarrot.com/
- 咖啡迷的店
  https://www.rakuten.ne.jp/gold/coffeebaka/
- 马戏团咖啡
  http://www.circus-coffee.com/
- 土居咖啡
  http://www.doicoffee.com/
- 普西普西那咖啡
  http://www.pushipushicoffee.com
- 豆 中野
  https://www.mamenakano.com/
- 丸山咖啡
  http://www.maruyamacoffee.com/

茶歇笔记

非常美味的咖啡豆标准

日本人觉得美味的咖啡

日本于2003年建立了精品咖啡协会（SCAJ）。其评价基准是以日本人觉得美味的风味为重点。SCAJ设定了特别咖啡的定义，只有满足定义的咖啡豆才能被做成液体咖啡（杯装品质）进行风味的评价。精品咖啡的出现，使得不只是生产国，生产地区及农园、生产者、品种、精制方法等也进一步得到明确，对于饮用咖啡的人而言这无疑增加了选择，从而让人们能喝到真正美味的咖啡。

杯装品质的评价标准

01 杯装品质的完美程度
风味上没有瑕疵或者缺点，有着为了表现土地固有风味特性的透明性。

02 甜度
咖啡樱桃收获时成熟度良好，是否均一成熟直接关系到甜度。

03 酸味的特征评价
并不是评价酸味的强度，而是评价酸味的品质优劣。是否明快清爽，又或者有着纤细的酸味，这些是评价的对象。

04 含在嘴里的质感
从感觉、触觉上评价黏度、密度、重量、浓度、滑度等。

05 风味特性、风味体现
结合味觉和嗅觉，评价是否能表现出土地固有的风味特性。

06 后味的印象
评价饮用咖啡之后持续的风味以及鼻子感受到的香味等。

07 平衡
评价是否充分调和风味，是否过于突出或欠缺某种味道。

享受和纯饮咖啡不同的味道

在咖啡厅或者咖啡专卖店，肯定会有混合咖啡。混合咖啡指的是什么呢？咖啡豆各自都有着酸味、苦味或者香味、醇度等特性。为了弥补各种风味的个性或者缺点而将几种咖啡豆混合在一起，形成了混合咖啡。混合咖啡没有固定的咖啡豆组合或者配合的比率，因此不同的店也会有不同的味道和个性。此外，弥补缺点并不是混合咖啡唯一的目的。混合咖啡在很大程度上也成为咖啡店的招牌商品。在店内作为商品提供时，如果味道不稳定的话，会让人怀疑这家店咖啡的质量。因此，咖啡豆要选择流通量稳定的种类。由于植物会受到天气以及病害等的影响，有可能会买不到味道相同的咖啡豆。在这样的情况下，持续提供相同味道的混合咖啡十分重要。此外，自己也可以尝试挑战制作混合咖啡。将几种烘焙过的咖啡豆混合，一起用研磨机研磨之后，就完成了原创混合咖啡。咖啡豆的数量并不是随机，使用计量勺等工具称量容量是窍门。每次尝试少量的混合咖啡，找到自己喜欢的咖啡口味，这也是享用咖啡的方法之一。

不同滤杯，不同味道

准备多种种类
享受不同味道

咖啡的基础知识
043
COFFEE BASICS

通过器具变化制作出自己喜欢的味道

正如上述滤杯有很多种类，不同咖啡豆的研磨方法，不同冲泡时的重点，制作的咖啡味道也不同。

最能够简单轻易尝试的是树脂制的滤杯，卡利塔式、梅丽塔式、HARIO、KEY COFFEE等制造商皆有售卖。将优质的咖啡豆用最适合的方式冲泡的话，能够制作出不输给咖啡店的口味。

金属滤杯虽然也使用同样的冲泡方法，但是会变成含有油脂的不同味道，十分有趣。

如果想要根据心情来尝试不同味道的话，可以试着挑战法兰绒滴滤、法式滤压壶、虹吸咖啡等。如果想要在家轻松制作像咖啡店般的浓缩咖啡、卡布奇诺的话，可以下决心购买价格较高的浓缩咖啡机。从一开始学习正确的步骤和味道，找到合心意的滤杯吧！

卡利塔式 — 清爽的味道

因为有三个孔和竖条的沟槽而形成没有杂味的味道

因为萃取孔有三个，萃取的速度很快。位于内侧有数条纵向沟槽，使得倒入的热水直接通过咖啡粉。能够在出现杂味之前滴滤出美味的咖啡。

萃取速度快

梅丽塔式 — 萃取出较浓的咖啡

位置较高的萃取孔能够提取出浓厚的芳香

在梅丽塔的商品阵容中也算是特别的"芳香滤杯"。萃取孔只有1个，由于位置较高，蒸的时间会略长。不受倒入热水速度的影响，能够提取出浓厚的咖啡芳香。

蒸的时间长

HARIO式 — 丝滑的口感

容易调节浓淡
也能充分萃取出成分

由于萃取孔是一个大洞，可以通过控制倒入热水的速度来调节浓度。在内侧，有着旋涡般的长沟。热水会一边滞留一边向中心流去，因此能够充分萃取出成分。

有旋涡状的沟槽

KEY COFFEE — 充分平衡的味道

以钻石状线条来调节最佳速度

特点是内侧有钻石形状的凹凸，外观精美。热水沿着线条之字形落下，并调节成最适合的萃取速度。萃取时很难不均匀，能够萃取充分平衡的味道。

钻石切割的凹凸

凯梅克斯（Chemex）

用专用滤杯均一萃取

仿佛将三角烧瓶和漏斗组合而成的美丽形状，带有温度的木柄很好拿。专用滤杯是圆锥形的，由于滴落在同一个地方，因此可以形成均匀的浓度。没有杂味，口感丰富。

没有杂味的爽口味道

造型美，工艺精湛

金属滤杯

直接萃取咖啡豆的味道

比滤纸的孔更大，所以油脂也会通过，更能够直接享受咖啡豆的味道。因此，需要使用优质的咖啡豆。没有必要买滤纸，也很环保。

享受本来的芳香

不要滤纸

法兰绒滴滤

微粒子也会通过，因此会形成丝滑的口感

使用手感柔软的起毛法兰绒。它比滤纸的孔更大，微粒子也会一起通过，因此可以萃取出口感丝滑的咖啡。法兰绒浸泡在水里保存的话，可以多次重复利用。

萃取大量油脂成分

在冰箱内冷藏保存

爱乐压（AeroPress）

直接提取成分

用气压压取1分钟，萃取上等咖啡

倒入咖啡粉和热水进行按压，用气压通过滤纸进行萃取。只需要1分钟左右就可以完成，因其速度而十分具有人气，谁都能轻松萃取出好喝的咖啡。它能够直接提取出咖啡豆的成分。

利用空气的力量

法式滤压壶

只需要从上方按压就可以制作出正宗咖啡

只需要在玻璃杯中放入咖啡粉和热水，等待4～5分钟，再从上方按压，操作十分简单。可以充分品味咖啡豆带有油脂的美味。

萃取出咖啡本来的美味

萃取器具和咖啡壶一体化

意式咖啡机

轻松冲泡咖啡

只用一个按钮就能萃取出和咖啡店相近的味道

商业用的意式咖啡机高达几千元，但家庭用的咖啡机只需要几百元，十分划算。能够享受到极细咖啡粉的浓厚口感。如果带有打泡器的话，还可以享受卡布奇诺。

使用蒸汽压萃取

虹吸咖啡壶

热腾腾的咖啡最棒！

通过观看享受咖啡制作完成的整个过程，视觉效果很好。为了不让苦味和涩味出现，火的力度和小匙的搅拌就成了重点。一直到快制作完成之前都用火温热，因此可以享受热腾腾的咖啡。

醇厚的口感

冲泡过程充满乐趣

八角意式摩卡壶

用直火轻松享受浓厚的浓缩咖啡

用直火创造出蒸汽压，使得热水通过粉槽中的咖啡粉，将浓缩咖啡萃取到上方的杯子中。它在意大利是家庭普及的浓缩咖啡机，使用方法简单。

苦味较强的浓缩咖啡

用火直接烘烤创造蒸汽压

过滤式咖啡壶

美式的制作风格

有着可以根据自己喜好调节浓淡的乐趣

用直火温热的热水，多次通过咖啡壶内部的滤柱之后，进行滴滤。主要在户外使用，通过上方透明的盖子，可以看着慢慢变浓的咖啡颜色，以此控制停火的时间。

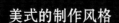

在户外很常用

准备好适合滤杯的滤纸

梯形滤杯 ＋ 梯形滤纸 ＝ 完成

梯形的滤杯选用梯形的滤纸，圆锥形的滤杯选用圆锥形的滤纸，诸如此类，选择符合滤杯形状的滤纸。

咖啡的基础知识

044

COFFEE BASICS

了解美味咖啡的冲泡方法

冲泡时要注意的4个重点

要点1　选择咖啡豆

味道会根据烘焙程度改变

选择喜欢的咖啡豆准备必要的分量

　　刚开始的时候，在专卖店将自己的喜好告知店员，购买店员推荐的产品会比较好。购买之后，在滴滤之前，称量好必要的分量。

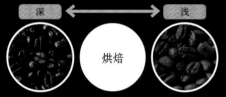

| 深 ←→ 浅 |
| 烘焙 |

咖啡豆的烘焙也有讲究。根据烘焙方法的不同，同种豆子也会在酸度和醇度上有所不同。烘焙一般分为"浅度烘焙、中度烘焙、深度烘焙"。

要点2　咖啡豆的研磨度

用研磨机来调整

在冲泡之前临时研磨咖啡豆

　　咖啡在咖啡豆刚被磨成粉末的时候最香，因此，在快速冲泡咖啡的时候，再研磨咖啡豆。研磨的时候，要注意颗粒均一。

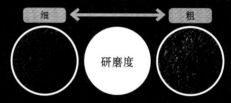

| 细 ←→ 粗 |
| 研磨度 |

粗研磨度适合热水和咖啡的接触时间长的萃取，细研磨度适合浓缩咖啡、冷泡咖啡等。滴滤式的咖啡适合中等颗粒的咖啡粉末。

要点3　热水的温度

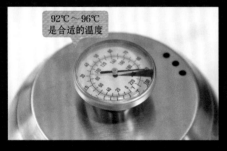

92℃～96℃是合适的温度

香气浓郁 口感清爽

　　使用中度烘焙的咖啡豆制作手冲咖啡时，最适合的热水温度是92℃～96℃。香气浓郁，口感也很清爽。想要突出酸味时，这个温度也是最适合的温度。

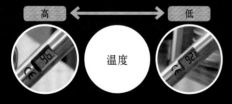

| 高 ←→ 低 |
| 温度 |

热水的温度低的话，会抑制苦味，形成清淡的风味。温度高的话，就会突出酸味或苦味。冲泡不适合96℃以上的高温。

要点4　热水的速度

根据水柱的粗细判断

倒入热水的时候需要缓慢安静

　　热水需要缓缓且安静地倒入。最好使用嘴比较小的壶。水壶由于壶嘴过大，热水会一下子倒太多，因此不适合手冲咖啡。

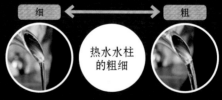

| 细 ←→ 粗 |
| 热水水柱的粗细 |

热水水柱粗的话，倒入速度快，导致蒸的过程不充分。手冲咖啡需要注意一边保持细的热水水柱，一边缓缓地倒入。

通过手冲，制作出自己喜欢的风味

　　制作手冲咖啡的时候，根据冲泡方法的不同容易制作出苦味过强或者口味过浓的咖啡。想要冲泡出如想象中风味的咖啡，应当要注意咖啡豆的选择方法、咖啡豆的研磨度、热水的温度、倒入热水的速度这四点。

　　首先，选择自己喜欢的咖啡豆进行冲泡咖啡的准备。一般以一杯咖啡豆12克，热水180毫升为参考。研磨豆子的时候，粗研磨度对应清淡口感，中研磨度对应均衡口感，细研磨度对应浓厚、苦

味较强的咖啡。咖啡豆在冲泡之前临时研磨。咖啡粉的香味在刚研磨完的时候最强烈，随着时间的流逝，咖啡的香味也会减弱。

　　最适合的热水温度是92℃～96℃。更高的温度会将杂味也萃取出来，因此在沸腾之后稍微冷却最佳。要注意壶嘴倒出的热水水柱粗细。水柱粗的话速度快，相反，水柱细的话速度慢。倒入热水速度快的话，咖啡口感清淡，倒入热水速度慢的话，咖啡口感浓厚。几次冲泡之后应该就会找到感觉了。

　　滴滤的时候，首先将少量咖啡粉整体充分浸泡。之后等待10～50秒，进行"蒸"的过程。当粉末鼓起部分平复之后，开始进

手冲咖啡可以自由自在地调整味道

酸味·爽口 ←——————————————————————→ 苦味·醇度

口感清淡的咖啡	口感均衡的咖啡	口感浓厚的咖啡

咖啡豆的研磨度

 粗研磨度

 中研磨度

 细研磨度

粗研磨度苦味和涩味较少，能够冲泡出酸味较强的清淡口味的咖啡。

中研磨度将甜味、酸味和苦味都充分平衡，不容易出差错。

用细研磨度冲泡的话，会突出苦味和醇度，适合冷泡咖啡和浓缩咖啡。

+

热水的温度

 低温

 92℃

 高温

温度较低的话，萃取比较费时间，味道会变得醇和。

92℃的热水是最标准的温度，咖啡香味丰富，人们能享受恰到好处的风味。

温度高的话，会使得口感变得浓厚，苦味变强，杂味也会出现。

+

热水柱的粗细

 较粗

 较细

 细

热水柱较粗的话，能冲泡出苦味较少的清淡口味。

较细的热水，最适合手冲咖啡。

倒入细水柱的热水，将咖啡粉充分浸泡，萃取出美味的成分。

有意识地使用粗研磨度、低温热水、粗热水柱进行滴滤

由于很难萃取出咖啡的成分，可以抑制苦味和涩味等刺激性的味道，形成清淡的风味。推荐使用卡利塔式的滤杯，具有三个孔，可以快速萃取。顺便提一句，此时的烘焙方法适合深度烘焙。

牢记中研磨度、热水温度92℃、较细的热水柱进行滴滤

会制作出甜味、酸味、苦味充分平衡，容易入口的咖啡。特别是对于初学者而言，"较细"这种倒入热水的速度可能难以衡量，可以尝试用粗的水柱或者细的水柱都滴滤几次，摸索恰到好处的口味。

细研磨度、热水温度高、热水细细地倒入是重点

要注意热水的温度不要过高，热水的水柱也不要过粗。咖啡豆细研磨度容易萃取出微粉和内皮，也就是杂味的本源，因此倒入高温的热水或者用热水充分浸泡的话，反而会萃取出多余的杂味。

行真正的萃取。从咖啡粉中间开始如画圆圈一般倒入热水。此时会浮起白色泡沫，在泡沫消失之前再倒入第二次热水。

在手冲咖啡中应当注意的是，应当静静地倒入热水，粉末尽量不要移动。因为粉末激烈晃动的话会产生杂味。其次，倒入热水的时候不要直接碰到滤杯。因为直接碰到滤杯的话，热水会不和咖啡粉接触，而是直接下落，最终冲泡出的咖啡口感会很淡。最后，倒入滤杯中的热水不要等到最后完全滴落完，不然，咖啡中会有杂味，因此可以在热水还没有滴落完毕的时候，将滤杯从设备上移走。

从下一页开始介绍咖啡专家的冲泡方法！

咖啡的基础知识

045

COFFEE BASICS

卡利塔式滤杯
制作的咖啡口感很好，几杯都能喝！

创造出口感很好的味道

萃取出不含杂味的美味

卡利塔 102-D

实际价格：291日元（约人民币18元）

尺寸：126×106×85（毫米）
重量：105克 人数：2～4人用

教学者
咖啡厨房学园园长
富田佐奈荣

咖啡店经营学校的开拓者。她成立了日本咖啡设计师协会，致力于实践资格的普及和培养，以及提高商务咖啡的品质。

三孔构造将杂味排除在外

卡利塔式滤杯在底部有三个孔，萃取速度会变快，并且，这种构造还会使得咖啡不会在滤杯内滞留，而是自然地滴落。可以通过调整倒入热水的速度来对咖啡的味道进行调节。

顶部

比一个孔的滤杯拥有更多的孔，使得萃取速度变快，并且可以萃取出杂味更少的咖啡。

萃取孔有3个

侧面

纵向的沟槽

内侧有长长的直线形的螺纹（沟槽），热水可以直接穿过咖啡粉。这个螺纹的构造使得萃取的速度变快。

咖啡粉末中等研磨度

中等研磨度就是磨成比粗砂糖略小的颗粒，对于卡利塔式的滤杯而言最为合适。

卡利塔式的其他滤杯

玻璃制、铜制的存在感很棒

卡利塔式的滤杯也有玻璃制、铜制的。据评价，不同的滤杯所萃取出的咖啡味道也不同。

**卡利塔
玻璃滤杯 -185
（杜果黄）**
实际价格：1893日元
（约人民币119元）

具有美丽的透明感的耐热玻璃制滤杯。使用专用的波浪形滤纸，能够实现接近法兰绒滴滤的口感。

**卡利塔
102-CU**
实际价格：3946日元
（约人民币248元）

抗菌作用和热传导能力都很优秀的铜制咖啡滤杯。铜的厚重成就一种高级感，是能够使得使用者兴致高昂的佳品。

卡利塔式滤杯冲泡的味道特征

味道指标
（5级制评价）

苦味	酸味	醇度	风味
2	3	2	4

**十足的咖啡味
爽口的后味是魅力所在**

卡利塔式的滤杯，如实体现了倒入热水速度的影响。注水的速度越快，咖啡的口感越清爽，可以充分感受到爽口的口味。

不含杂味的美味

用倒入热水的速度调整萃取的速度
萃取出咖啡的美味

卡利塔式滤杯的最大特点是底部有三个萃取孔。三个孔和一个孔比起来，萃取速度会变快。这个构造能够实现较为理想的萃取速度，能够萃取出咖啡本来的美味。

这里提到的塑料制的"卡利塔102-D"也具备这个特征。其内侧有着长且笔直的叫作螺纹的沟槽，在倒入热水萃取咖啡的时候，咖啡不会在滤杯内壁停留，而是直接滴落，结果，就会形成口

感优秀的爽口味道。另外，要注意倒入热水的速度。水流注入的快慢、水量等的不同，会使得萃取的速度有细微的变化，咖啡的味道也会由此产生微妙的改变。所以，只要记住倒入方法的诀窍，就可以自在控制咖啡的味道，萃取出因人而异的美味。

此外，为了凸显出美味，滤纸的选择也很重要。卡利塔式的滤纸边缘是封住的，没有网眼，这个构造会挡住咖啡的杂味，从而凸显出咖啡本来的美味，和三个孔的滤杯搭配使用是绝配，建议一起使用。

卡利塔式滤杯的基本冲泡方法

准备工具

首先从滤杯和滤纸的准备开始。选择使用梯形的滤纸。

将咖啡粉敲打平整

轻轻敲打或者摇晃滤杯的边缘，使得咖啡粉表面变得平整。

第二次倒入热水

第二次倒入热水时，从中心向外侧以画圆的方式倒入，靠近滤纸的时候折返，再以画圆的方式重新回到中心。

安装滤纸

沿着滤纸侧面和底部的2个折痕折叠，将滤纸放置在滤杯内部。

从正中间开始倒入热水

将沸腾后的热水（92℃）从位于咖啡粉上方正中间2～3厘米的位置开始倒入，以画圆的方式将粉末全部打湿。

倒入适量的热水

反复操作步骤7，直到达到必要的咖啡杯数的数量。注意不要势头过猛，避免将热水倒入滤纸的边缘。

放入咖啡粉

将几勺量的咖啡粉倒在滤纸中。一勺的标准量为10克。

蒸咖啡粉

将咖啡粉用热水打湿之后，放置少许时间蒸咖啡粉。蒸的标准时间为10~50秒。如果杯数多的话可以多放些时间。

卸下滤杯

萃取出必要的量之后，马上卸下滤杯。为了不混入杂味，最好在滤杯内还有热水的状态时卸下滤杯。

美味的咖啡完成了！

倒入热水的标准次数为3～5次 之后可以作为浓度的调节

咖啡豆的烘焙、研磨也需要讲究。咖啡豆的烘焙选择中度烘焙或者深度烘焙准没错。研磨最好选择中度粗细。这种研磨方法也叫作"卡利塔研磨"。咖啡粉的数量以1杯10克为标准。

将滤纸安装好并且放入咖啡粉之后，将咖啡敲打平整，不要有坡度。可以轻轻敲打或者轻轻摇晃滤杯。

倒入热水的手法，首先从"蒸"开始。从咖啡粉的正中间开始倒入热水，注意萃取液不要滴落，放置10～50秒钟，蒸完以后，再开始真正地倒入热水。温度最好是92℃。倒入的目标次数是3～5次。

使用卡利塔式滤杯冲泡咖啡，倒入3次热水左右可以萃取出浓缩咖啡。由此，从第4次以后倒入热水可以看作是对浓度的调整。

第二次以后倒入热水的时候，"从中心向外侧画圆般"倒入。靠近滤纸的时候开始折返，然后回到中心。如此反复几次，萃取必要数量的咖啡之后，马上卸下滤杯。如果慢慢来的话，会使得萃取的咖啡中混有杂味，所以请注意这点。

咖啡粉是中研磨度

研磨至介于粗砂糖和细砂糖之间粗细的"中研磨度"，最适合于梅丽塔式滤杯。

单孔萃取创造出
丰富的醇度

咖啡的基础知识

046

COFFEE BASICS

梅丽塔式滤杯
萃取出醇度和浓度

梅丽塔
芳香滤杯

AF-M 1X2
实际价格：590日元（约人民币37元）

尺寸：135×117×94（毫米）
重量：92克　人数：2～4人用

不需要滴滤技巧！

　　小小的一个孔会控制适当的量和时间，因此初学者也可以使用这个滤杯冲泡出美味的咖啡。由于萃取咖啡的时间是正确的，味道不容易产生变化，无论何时都可以享受适合自己的咖啡。

顶部

萃取孔比一般的梅丽塔式的滤杯要略高。蒸的时间会变长，因此能够萃取出更深层次的芳香。

一个萃取孔，
位于略高处

谁都能冲泡出美味的咖啡

萃取较浓的咖啡

笔直的沟槽

内侧的沟槽设计又直又深。通过这个沟槽，可以正确控制热水落下的速度。

侧面

由于梅丽塔式的滤杯只有小小的一个孔，萃取时间变长的话，做成的咖啡也会略浓。

味道和香气在口中迅速扩散。口感也很均衡。

教学者
咖啡厨房学园园长
富田佐奈荣

梅丽塔式的其他的滤杯

梅丽塔式出产的滤杯都是一个萃取孔，但材质各种各样

梅丽塔式滤杯不仅有芳香滤杯，也有标准型或者大型的滤杯，它们各自发挥着自己独特的个性。

梅丽塔式
咖啡滤杯
SF-M 1X2
实际价格：605日元
（约人民币38元）

梅丽塔式滤杯的标准型。和芳香滤杯一样，它是用AS树脂材质制成，便于使用，不易损坏。

梅丽塔式
咖啡滤杯
SF-PP 1X6
实际价格：1620日元
（约人民币102元）

大型的单孔滤杯，约有900毫升的大容量。下部的凸边很短，因此可以将咖啡冲泡至容器的最上方。

梅丽塔式滤杯冲泡的味道特征

味道指标
（5级制评价）

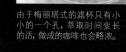
苦味	酸味	醇度	风味
4	3	4	2

浓厚的口感
苦味和醇度突出的重口派

　　因为萃取得比较浓，最后完成的咖啡口味会有明显的苦味和醇度。这款滤杯想要推荐给喜欢苦味和醇度的重口派。

浓厚的口感

活用单孔的特性
萃取有醇度的咖啡

　　梅丽塔式滤杯的特点是单孔构造。梅丽塔是德国企业，自1908年创业以来，一直持续关于萃取孔的研究，创造了现如今作为标杆的单孔滤杯。"芳香滤杯AF-M 1X2"也具备这个特点，由于是单孔萃取，不受倒入热水速度的影响，可以使得滴滤变得稳定。由于其萃取孔的位置比一般的梅丽塔式的滤杯要略高，蒸的时间变长，这种构造能够萃取出更深层次的芳香。

　　此外，梅丽塔还开发了适合单孔滴滤的滤纸，使用梅丽塔滤杯的时候，应当也准备好梅丽塔的滤纸。梅丽塔所有的滤纸都采用了一种叫作"超级微型"的极细网眼。这种滤纸能够排除多余的杂味，并且还被公认能够充分萃取出咖啡豆的优点。

　　适合梅丽塔式滤杯的咖啡豆是中研磨度、中细研磨度、细研磨度。因为这种滤杯会萃取出比较浓厚的咖啡，一杯咖啡所需咖啡粉的量可以比制作一般的咖啡稍微少一点，8克左右就足够了。将滤纸安装在滤杯里时，将滤纸侧面和底部进行各自不同的折叠。

梅丽塔式滤杯的基本冲泡方法

准备工具

首先从滤纸杯和滤纸的准备开始。选择使用梯形的滤纸。

滤纸是梯形的

1

安装滤纸

沿着滤纸侧面和底部的2个折痕折起，将滤纸放置在滤杯内部。

安装滤纸

2

放入咖啡粉

将几勺量的咖啡粉倒在滤纸中。一勺的标准量为8克。

标准是8克

3

将咖啡粉敲打平整

轻轻敲打或摇晃滤杯的边缘，使得咖啡粉表面变得平整。

轻轻敲打

4

从正中间开始倒入热水

将沸腾后的热水（92℃）从位于咖啡粉上方2～3厘米的正中间位置开始倒入，以画圆的方式将粉末整体打湿。

从中心开始画圆

5

蒸咖啡粉

将咖啡粉用热水打湿之后，放置少许时间蒸咖啡粉。蒸的标准时间为10～50秒。如果杯数多的话可以多放些时间。

10～50秒

6

第二次倒入热水

蒸完之后再次从中心向外侧以画圆的方式倒入热水，靠近滤纸的时候折返再以画圆的方式重新回到中心。

同样画圆

7

倒入适量的热水

倒入热水时不必太过在意速度和时间，只需要一次性倒入必要的量。由此来冲泡出美味的咖啡才是梅丽塔式的特色。

一次性倒入热水

8

卸下滤杯

萃取出必要的量，在咖啡壶中达到几杯量的咖啡之后，马上卸下滤杯。由此完成美味咖啡的制作。

美味的咖啡完成了！

9

没有技巧也能冲泡出美味的咖啡

通常制作手冲咖啡的时候，会由于倒入热水的速度的差异而使得咖啡味道发生变化。通过控制速度来萃取出各种不同味道的咖啡，这是高手能做的事，对于初学者来说非常困难。而梅丽塔式的单孔滴滤很好地解决了这个问题。小小的一个孔控制了适当的热水量和时间。不论以何种速度倒入，都可以稳定地萃取出喜欢的咖啡的口味。

关于梅丽塔式滤杯的倒入热水的手法，由于最初要先蒸咖啡粉，所以需要倒入浸湿全部咖啡粉的水量。水温在92℃左右。咖啡粉充分膨胀之后，一次性倒入所需杯数的热水量。此时，用细口水壶从中心开始，以画圆的方式缓缓倒入。注意热水不要倒在滤纸的边缘。萃取出所需杯数的咖啡后，卸下滤杯，这样美味的咖啡就完成了。

无须像使用其他滤杯时那样倒入好几次热水，只需要倒入一次热水即可完成就是梅丽塔式的特点。由于只有一个孔，所以通常萃取时间是一定的，能够萃取出稳定的味道，对于初学者来说这是一个巨大的优点。

HARIO式滤杯
萃取法兰绒般的浓厚味道

创造出醇厚口感

HARIO
V60渗透滤杯

02 透明
实际价格：323日元（约人民币20元）

尺寸：102×137×116（毫米）
重量：110克　人数：1～4人用

可以细致地控制味道

HARIO式滤杯在海外也逐渐成为标准。其特点是圆锥形和一个大孔，以及叫作"螺旋形螺纹"的旋涡状倾斜的沟槽。这种构造可以细致地控制味道。

顶部

较大的一个孔使得通过倒入热水速度来改变咖啡的味道这件事变得容易了。

稍大的一个孔

侧面

如法兰绒般的浓厚味道

用中研磨度的咖啡粉

因为倒入热水的方法不同会使得咖啡的味道产生细微的变化，使用杂味较少的中研磨度，以追求咖啡本来的美味。

热水接触咖啡粉的时间长

由于形状是圆锥形的，热水会逐渐流向中心，它和咖啡粉接触的时间也会变长，可以较多地萃取出咖啡的成分。

螺纹形的沟槽

旋涡状的沟槽可以防止滤纸和滤杯紧贴，使得空气通过，从而咖啡粉能够充分膨胀。

通过调节倒入热水的速度，可以冲泡出自己喜欢的口味。

教学者
咖啡厨房学园园长
富田佐奈荣

HARIO式的其他滤杯

聚集圆锥形滤杯

HARIO式的滤杯系列，虽然在颜色和材料上有所不同，但是基本上都是圆锥形、螺旋纹沟、一个大孔。

HARIO
V60渗透滤杯
02红色
实际价格：432日元
（约人民币27元）

"02红色"和"02透明"是一样的材料，但是鲜艳的红色引人注目。对于时尚的咖啡生活而言是再适合不过的单品。

HARIO
V60渗透滤杯
02陶瓷制W
实际价格：2052日元
（约人民币129元）

保温效果好的陶瓷制滤杯。其材料使用具有400年历史的日本有田烧，由职人手作而成。

HARIO式滤杯冲泡的味道特征

味道指标
（5级制评价）

苦味	酸味	醇度	风味
3	3	3	3

实现和法兰绒滴滤相近的味道

因为倒入方法的不同味道会产生变化，倒入热水的速度尽量控制在平均水平。通过控制倒入热水的速度，顺利地进行冲泡，就可以创造出接近法兰绒滴滤的醇厚口感。

醇厚的美味

充分把握特点
萃取自己喜欢的咖啡

HARIO式滤杯有三个比较大的特点。圆锥形、巨大的一个孔，此外还有内侧旋涡状倾斜的沟槽，即螺旋形螺纹。由于是圆锥形的，倒入的热水向中心流去，并且热水可以长时间接触咖啡粉从而充分萃取出咖啡的成分。

此外，从大孔中会露出滤纸的前端，因此倒入的热水不会受到滤杯的限制而是直接滴落，能够实现更加接近法兰绒滴滤的萃取。由于倒入热水的速度不同会改变咖啡的味道，掌握窍门的话就可以制作并享受自己喜欢的口味。

最令人赞叹的是螺旋形螺纹的性能。滤杯内部的沟槽一直延伸到上部，以防止滤纸和滤杯紧贴，使得空气能够顺利通过，这种构造使得在蒸咖啡粉的时候咖啡粉能够充分膨胀。"V60渗透滤杯02透明"当然也具备这三个特征。

为了能够自在地掌握咖啡的口味，需要掌握必要的技巧。找到自己喜欢的豆子口味，去追求最美味的味道。

HARIO式滤杯的基本冲泡方法

准备工具

首先从滤杯和滤纸的准备开始。选择使用圆锥形的滤纸。

滤纸是圆锥形的

安装滤纸

沿着滤纸侧面和底部的2个折痕折起，将滤纸放置在滤杯内部。

安装滤纸

放入咖啡粉

将几勺量的咖啡粉倒在滤纸中。一勺的标准量为12克。

标准是12克

将咖啡粉敲打平整

轻轻敲打或摇晃滤杯的边缘，使得咖啡粉表面变得平整。

轻轻敲打

从正中间开始倒入热水

将沸腾后的热水（92℃）从位于咖啡粉上方2～3厘米的正中间位置开始倒入，以画圆的方式将粉末整体打湿。

从中心开始画圆

蒸咖啡粉

将咖啡粉用热水打湿之后，放置少许时间蒸咖啡粉。蒸的标准时间为10~～50秒。如果杯数多的话可以多放些时间。

10～50秒

第二次倒入热水

第二次倒入热水时，从中心向外侧以画圆的方式倒入，靠近滤纸的时候折返，再以画圆的方式重新回到中心。

同样画圆

倒入适量的热水

回旋倒入热水，直至达到必要的咖啡杯数的数量。注意不要势头过猛，避免将热水倒入滤纸的边缘。

倒入热水时不要过猛

卸下滤杯

萃取出必要的量，在咖啡壶中有几杯量的咖啡之后，马上卸下滤杯。由此完成美味咖啡的制作。

美味的咖啡完成了！

根据萃取速度的变化
制作喜欢的味道

　　HARIO式滤杯会因为倒入热水速度的不同而使咖啡的口味产生巨大的变化。由于热水会直接通过大孔滴落而不会停留，倒得快的话咖啡味道会淡，倒得慢的话咖啡味道会浓。此外，由于内部存在螺纹，水流的速度会变得更快。因此，如果不细心地倒入热水，做出的咖啡味道就会略显寡淡，这点请注意。

　　滤纸应当准备好使用圆锥形的。考虑到与滤杯的相配，使用

HARIO式专用的滤纸应当是无可非议的。

　　安装好滤纸，倒入咖啡粉之后，轻轻摇晃粉末，使其没有坡度，高低平整。接下来开始倒入热水。首先从蒸咖啡粉开始。从正中间开始倒入少量的热水，表面大约九成湿之后结束。

　　蒸大约30秒后，再次从正中间开始倒入热水。如果一下子倒进去的话，制作成的咖啡味道会比较淡。因此，从中心开始，以画圆的方式慢慢增加水量，仔细小心地倒入热水。萃取时间大概控制在3分钟，达到所需杯数的分量以后，卸下滤杯，美味的咖啡就完成了。

KEY COFFEE 滤杯
推荐给初学者的滤杯

用中研磨度的咖啡粉

KEY COFFEE
Noi水晶滤杯

实际价格：589日元（约人民币37元）

尺寸：100×122×115（毫米）
重量：177克 人数：1～4人用

钻石切割纹，达到最适合的萃取速度

对于可以制作出口感均衡的咖啡的滤杯而言，果然还是要选择能够产生均衡口感的中研磨度。

钻石切割带来均匀的萃取

这个滤杯内部的螺纹（沟槽）被切割成钻石状。由于这种凹凸，滤纸和滤杯可以360度均匀接触。因此，萃取的时候咖啡就不容易结块，可以进行均衡的滴滤。

外观也很美

顶部

巨大的一个孔

萃取孔和"HARIO式滤杯"一样都是巨大的一个孔。萃取液流经钻石切割，抑制了萃取速度，从而可以进行均一的萃取。

侧面

钻石状的凹凸

倒入热水的话，萃取液从顶点开始经由纹路的缝隙呈"之"字形留下，恰到好处地调节了萃取的时间。此种构造可以准确萃取出咖啡豆本来的美味。

就如同它的名字，水晶般美丽的设计。钻石切割纹能将光线反射得很美丽。

每次都能稳定萃取

可以轻松地冲泡出口感均衡的咖啡。

KEY COFFEE滤杯冲泡的味道特征

味道指标
（5级制评价）

苦味	酸味	醇度	风味
4	**4**	**4**	**4**

口感非常均衡的味道

苦味、酸味、醇度、风味都很均衡的味道。醇厚的口感也无可挑剔。通过钻石切割纹巧妙地萃取出咖啡豆本来的美味。

浓厚的味道

教学者
咖啡厨房学园园长
富田佐奈荣

圆锥形的形状和钻石切割的凹凸的效果相乘，使得萃取的速度达到最适合的程度。即使没有特别的技术，也能够通过稳定的萃取冲泡出美味的咖啡。

烘焙厂商的美味秘诀

"Noi 水晶滤杯"是烘焙厂商KEY COFFEE独自开发的产品。这个滤杯的一大特点是被称为"钻石切割"的凹凸。通过钻石切割的形状，由凸出部分的点集合支撑起滤纸，使其能够360度均匀地使滤纸和滤杯接触。结果，接触部分都是均匀的，并且，因为接触部分比较少，可以起到防止萃取不均匀的作用。因此，使用它可以冲泡出口感均衡的浓厚咖啡。

并且，钻石切割还一并带有精确萃取时间的功能，即使是初学者也可以成功地进行美味的滴滤。

此外，能微妙反射光线的钻石切割在外观上也很美丽，即使是放在厨房里看上去也绝不会显得档次低。而且，由于是使用据说具有强化玻璃150倍强度的PC材料制造的，故不容易有划痕，且不易碎。

像这样的水晶滤杯凝聚了许多的心血。KEY COFFEE正是作为烘焙厂商，对于咖啡有着极尽详细的了解，才能开发出这样的滤杯。

KEY COFFEE 滤杯的基本冲泡方法

准备工具

首先从滤杯和滤纸的准备开始。选择使用圆锥形的滤纸。

滤纸是圆锥形的

安装滤纸

沿着滤纸侧面和底部的2个折痕折起，将滤纸放置在滤杯内部。

安装滤纸

放入咖啡粉

将几勺量的咖啡粉倒在滤纸中。一勺的标准量为10克。

标准是10克

将咖啡粉敲打平整

轻轻敲打或摇晃滤杯的边缘，使得咖啡粉表面变得平整。

轻轻敲打

从正中间开始倒入热水

将沸腾后的热水（92℃）从位于咖啡粉上方2～3厘米的正中间位置开始倒入，以画圆的方式将粉末整体打湿。

从中心开始画圆

蒸咖啡粉

将咖啡粉用热水打湿之后，放置少许时间蒸咖啡粉。蒸的标准时间为10～50秒。如果杯数多的话可以多放些时间。

10～50秒

第二次倒入热水

第二次倒入热水时，从中心向外侧以画圆的方式倒入，靠近滤纸的时候折返，再以画圆的方式重新回到中心。

同样画圆

倒入适量的热水

回旋倒入热水，直到达到必要的咖啡杯数的数量。注意不要势头过猛，避免将热水倒入滤纸的边缘。

倒入热水时不要过猛

卸下滤杯

萃取出必要的量，在咖啡壶中达到几杯量的咖啡之后，马上卸下滤杯。由此完成美味咖啡的制作。

美味的咖啡完成了！

没有特别的技巧，
也能简单冲泡出美味的咖啡

水晶滤杯的开发目的就是为了即使没有特别的技术也能冲泡出美味的咖啡，所以其冲泡手法实际上很简单。

只是，在使用这个滤杯的时候，还是希望可以使用 KEY COFFEE 的圆锥形咖啡滤纸。这样的话，即使不小心倒多了水，也会因为滤纸本身的厚薄和纹路，而使得滤纸能够和滤杯内壁的钻石切割的凹凸恰到好处地贴合，并自动调节萃取时间和咖啡浓度，

搭配同一厂商的滤纸和滤杯一起使用的话，效果出众。

冲泡手法真的非常简单。先用热水将工具和杯子温热，将圆锥形的滤纸侧面折叠，安装在滤杯内部。将咖啡粉敲打平整之后，倒入刚沸腾不久的热水来蒸咖啡粉。待咖啡粉充分膨胀之后，分数次倒入热水。这时候的窍门是，从中间开始以画圆的方式倒入热水。

到这里以后，就能通过滤杯钻石切割的构造萃取出美味的咖啡。之后，当咖啡壶中已经累积了几杯量的咖啡之后，就只需要卸下滤杯，将咖啡倒入咖啡杯中。通过这种很普通的方法就能冲泡出口感均衡的咖啡。这就是水晶滤杯出类拔萃的地方。

没有杂味的清爽味道

咖啡的基础知识
049
COFFEE BASICS

如实验般的凯梅克斯
可以萃取出均匀的浓度

用中研磨度的咖啡粉

使用味道均衡的中研磨度或中粗研磨度为最佳。当然也可以用喜欢的手动磨豆机来享受研磨的乐趣。

凯梅克斯
咖啡壶

3杯
实际价格：7560日元（约人民币475元）

尺寸：10.5×21.5（厘米）
重量：400克 人数：1～3人

MoMA认可的优秀设计

以简约却具有冲击力的设计，成为深受全球喜爱的人气产品。在1941年问世的三年以后，被MoMA（纽约现代艺术馆）收藏为永久展品，深受设计师等对于造型美有讲究的人的喜爱。

雷德克（Redecker）
牛奶瓶刷
实际价格：950日元
（约人民币60元）

在构造上，普通的海绵刷难以清洗到瓶子内部。如使用带有纹路的刷子会更加方便。

手不能及的地方也能清洗到

时尚又不占地方，
作为礼物也非常合适。

教学者
咖啡厨房学园园长
富田佐奈荣

细节1

中间变细的部分有着实木做的手柄。木手柄便于倒咖啡时隔热。

实木手柄

细节2

如同烧瓶或烧杯一般，复古而又简朴的形状，作为室内装饰品也合适。

美丽的玻璃形状

这一会儿也很享受！

萃取的时候，不使用一般的滤纸，而是使用半圆形的专用滤纸。在熟练之前的准备工作则需要耗费一定的工夫，但是这个过程也挺愉快的。

掌握凯梅克斯专用滤纸的折叠方法

1

2

3

4

5

大的半圆滤纸上带有小的圆形滤纸，形状很独特。

将大的半圆滤纸纵向对折。

将小圆向下折。

再一次折叠大圆滤纸。

将折好的滤纸安装到凯梅克斯滤壶中。

在实验室诞生
全球大受欢迎的产品

该咖啡滤壶有着将三角烧瓶和漏斗组合而成的特别形状，是自1941年问世以来，半个多世纪中一直深受喜爱的逸品。

发明这个咖啡壶的是在德国出生的美国科学家彼得·施伦博姆（Peter Schlumbohm）博士。博士在德国度过自己的大学时代，在实验室中用烧瓶代替咖啡壶冲泡咖啡。顺便说，这并不是博士

突发奇想到的，而是当时在德国的科学家之间，使用烧瓶或烧杯冲泡咖啡是常态。

1931年，博士去了美国，获得了很多专利，凯梅克斯就是那时开发的咖啡滤壶。对简易的工具加以改良，就创造出了划时代的成功之作，不得不说施伦博姆博士是位相当优秀的发明者。在忙碌的每一天里，使用凯梅克斯悠闲地冲泡一杯咖啡，一边放松一边将思绪放飞到德国充满活力的实验室也不错。

凯梅克斯的基本冲泡方法

准备专用滤纸

将凯梅克斯专用的滤纸折成圆锥形，做滴滤的准备。

安装滤纸

将折好的滤纸放入滤杯中。

放入咖啡粉

将想冲泡的杯数所需的咖啡粉放入滤纸内。一勺的标准量为13克。一次可以冲泡1～3杯。

将咖啡粉敲打平整

轻轻敲打或摇晃滤杯的边缘，使得咖啡粉表面变得平整。由于是玻璃制品，请温柔对待。

从正中间开始倒入热水

将沸腾后的热水（92℃）从位于咖啡粉上方2～3厘米的正中间位置开始倒入，以画圆的方式将粉末整体打湿。

蒸咖啡粉

将咖啡粉用热水打湿之后，放置少许时间蒸咖啡粉。蒸的标准时间为10～50秒（如果杯数多的话可以多放些时间）。

第二次倒入热水

再次，从中心向外以画圆的方式倒入热水。靠近滤纸的时候折返，再以画圆的方式重新回到中心。

倒入适量的热水

回旋倒入热水，直到达到必要的咖啡杯数的数量。

卸下滤杯

萃取出必要的量，在咖啡壶中达到几杯量的咖啡之后，马上卸下滤杯。由此完成美味咖啡的制作。

化学上也有考量的特别形状

凯梅克斯的魅力正在于它独特的形状。简单却效果出众，这种风格令人不会厌倦，实木的手柄，越用色泽会越有深韵。

据说这款滤壶也受到设计师夫妇查尔斯·伊姆斯、雷·伊姆斯以及日本设计师柳宗理等的喜爱。正是这种省去无用功、充满功能美的设计，才能受到对造型有讲究的人们的认可。

滤杯部分的形状和专用的滤纸，会对咖啡的味道产生巨大的影响。将高强度的纸做成的滤纸折成漏斗状，这是在化学上发挥滤纸作用的最佳形状。由此，可以除去形成咖啡杂味的味道成分以及多余的油脂，充分萃取出醇度和美味。此外，咖啡从集中一点落下，也起到了使成分保持稳定的作用。

独特的形状，不仅有装饰的作用，还可以做出清爽的风味绝佳的咖啡。壶身和滤纸的价格都略微有些高，但还是推荐尝试使用一次。

使用滤网冲泡
可以直接享受咖啡豆的味道

不吸取油脂等成分，直接通过

KINTO
手冲咖啡一体壶

套装 600毫升
实际价格：4320日元（约人民币271元）

尺寸：12.5×18×15（厘米）
重量：380克　人数：1～4人用

不需要准备滤纸！

滤壶采用了金属制网眼的无纸化滤网。它和滤纸比起来网眼较大，可以直接享受咖啡豆的味道。即使不准备滤纸也可以冲泡咖啡。

咖啡粉为粗研磨度

和滤纸相比，孔更大的滤网更适合粗研磨度的咖啡粉。

细节

附带有滤杯支架

滴滤后的滤杯，直接可以放在附带的支架上。它也可以作为咖啡豆的称量杯使用，带有刻度很方便。

滤网会影响咖啡味道

Kitclan
不锈钢滤网
实际价格：1380日元
（约人民币88元）

便宜的不锈钢。味觉敏感的人也会感觉到味道的变化。

网眼的材质也略有影响

比起不锈钢，镀金网眼对于咖啡味道的影响更小。但是，因为只有微弱的区别，也可以根据用途来选择。

Montbell
O.D. 小型滤杯2
实际价格：1645日元
（约人民币103元）

轻便的聚酯滤网。它是想要减轻外出行李负担的最佳选择。

Kores
金滤网
双壁大杯
实际价格：4320日元
（约人民币271元）

黄金制品不会破坏 pH值或味道成分。相应地，它的价格也会比较高。

滤杯和咖啡壶的组合，很划算

由于咖啡的味道是由咖啡豆直接产生的，尽量使用品质好一点的咖啡豆。

教学者
咖啡厨房学园园长
富田佐奈荣

滤网冲泡的味道的特点

味道指标
（5级制评价）

苦味	酸味	醇度	风味
4	4	3	3

最大限度享受咖啡豆的潜在可能

直接萃取出咖啡豆味道的成分和油脂等，可以充分展现出咖啡豆的苦味和酸味以及香气。豆子的品质会直接影响咖啡的味道，要注意鲜度和研磨度。

同时萃取出咖啡豆的油脂

环保经济的滤网有很多优点！

制作手冲咖啡的时候，意外让人觉得困扰的是滤纸。比如说，想喝咖啡的时候，却因为忘记买滤纸而无法进行滴滤的问题。又或是，买了新的滤杯，和原来的滤纸不适用的适配问题。滤网可以使你从这些问题中解放出来。

滤网也称无纸化，是以金属或合成树脂制成的网眼来进行萃取的构造。因此，冲泡咖啡的时候不需要准备滤纸。由于环保又经济，习惯的话也十分便利。

在味道方面它和滤纸冲泡的咖啡大不相同。由于滤网的网眼比较粗大，会将滤纸无法萃取的咖啡豆的油脂也一并萃取出来。因此，能够直接萃取出咖啡豆本身的酸味和苦味，也更容易产生香味。这种类型在想要直接享受咖啡豆本来的香味的人群中很受欢迎。除了不锈钢制，金或者合成树脂等其他素材制作的滤网也可以尝试一下。

滤网的基本冲泡方法

准备咖啡豆

滤网的孔比滤纸或者法兰绒更大，细粉会很容易漏出。因此最好使用粗研磨度的咖啡粉。

咖啡豆是粗研磨度

1

放入咖啡粉

将几勺量的咖啡粉倒在滤网上。一勺的标准量为13克。一次冲泡1～4杯。

标准是13克

2

将咖啡粉敲打平整

轻轻敲打或摇晃滤杯的边缘，使得咖啡粉表面变得平整。

轻轻敲打

3

安装咖啡壶

将滤杯安装在咖啡壶上充分固定。不同模型有不同的固定技巧，请注意。

充分固定

4

从正中间开始倒入热水

将沸腾后的热水（95℃）从正中间开始倒入，以画圆的方式将粉末整体打湿。

从中心开始画圆

5

蒸咖啡粉

放置少许时间蒸咖啡粉。蒸的标准时间为10～50秒。如果杯数多的话可以多放些时间。

10～50秒

6

第二次倒入热水

再次，从中心向外侧以画圆的方式倒入，靠近滤纸的时候折返，再以画圆的方式重新回到中心。

同样画圆

7

倒入适量的热水

回旋倒入热水，直到达到必要的咖啡杯数的数量。

倒入热水时不要过猛

8

卸下滤杯

萃取出必要的量之后，马上卸下滤杯。由此完成美味咖啡的制作。

美味的咖啡完成了！

9

使用滤网时需要掌握的窍门是什么？

使用滤网进行滴滤本身好像和使用滤纸的滤杯是差不多的感觉，但是要发挥其本来的性能，还是有几点需要事先掌握的窍门。

一个是选择咖啡粉的方法，滤网比滤纸的网眼要粗大，因此很容易漏下咖啡粉的细粉末。如果用细研磨度或者中研磨度的咖啡粉进行滴滤的话，很容易制作出粉味重且带杂味的咖啡。因此最适合的研磨状态是粗研磨度。

此外，由于直接萃取出咖啡豆本身的味道，使用品质差的咖啡豆的话，滴滤时会直接将咖啡豆的劣质暴露无遗。所以，关注咖啡豆的品质和鲜度，尽量使用上等的咖啡豆。

还有一个就是，滤网中容易有粉末残留，事后的收拾会稍微费点工夫。事先准备好合适滤杯尺寸的刷子的话，事后的收拾也会轻松许多。如果粗暴使用的话，薄薄的网片可能会裂开，因此需要注意。事先掌握这几点的话，就可以充分享受咖啡的味道了。

法兰绒滴滤
制作深厚的味道

商店中使用特别定做的法兰绒滤网

丸太衣料制造的法兰绒滤网

由于是四片式的，可以均等滴落

COBI COFFEE使用丸太衣料制造的特定法兰绒。缝合线有四条，可以将萃取的咖啡液从四个方向均等落下。

用中研磨度的咖啡粉

咖啡粉末基本使用中研磨度，略粗的咖啡粉也可以。

教学者
COBI COFFEE
川尻大辅

有着咖啡馆培训员的经验，目前在COBI COFFEE担任品牌经理。

使用后的法兰绒浸泡在水中并放入冰箱冷藏保存

充分去除咖啡粉

从过滤器中将法兰绒取出后，用水清洗，除去附着的咖啡粉。咖啡粉附着在法兰绒上的话，其中的油脂和空气接触后会氧化，不好的气味会附着在法兰绒上，随后给冲泡的咖啡的味道带来不好的影响。

将法兰绒上沾的咖啡粉，用自来水冲洗。手指略微用力，可以使油脂落下。

将法兰绒放入有水的便当盒中浸泡。直接放入冰箱中冷藏存放。

家庭用的请看这边
▼

HARIO
法兰绒滴滤壶

木颈　3人用
实际价格：3125日元（约人民币196元）

尺寸：110×195×110（毫米）
重量：400克　人数：3～4人用

HARIO
3 CUPS

带有咖啡壶可以稳定冲泡

不需要过滤器可以集中萃取

有着耐热玻璃的玻璃壶的瓶颈，实木的把手和革质的纽带的时尚设计。法兰绒和过滤器也单独贩卖。

法兰绒滴滤冲泡的味道的特点

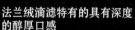

味道指标
（5级制评价）　苦味 **4**　酸味 **3**　醇度 **5**　风味 **3**

法兰绒滴滤特有的具有深度的醇厚口感

除了有咖啡的味道，法兰绒滴滤的咖啡还带有说不上来的甜味和醇厚的口感。有许多咖啡爱好者认为它是最佳的萃取方法。如果想要喝醇厚口感的咖啡的话，选择法兰绒滴滤准没错。

醇厚的口感

**花费时间用法兰绒冲泡咖啡
用自己的手制作出向往的味道**

在一定程度上习惯了手冲咖啡之后，谁都会想尝试挑战一下法兰绒滴滤。虽然比起滤纸，法兰绒在收纳上更费心，但是法兰绒滴滤所冲泡出的咖啡的醇厚口感却别具一格。布料的特性可以将咖啡豆带有的甜味最大化地萃取出来，形成醇厚的浓郁味道。

教给我们法兰绒滴滤方法的是位于东京青山的COBI COFFEE的品牌经理川尻大辅。据介绍，萃取速度快的话咖啡味道会偏淡，速度慢的话油脂较多，从而形成醇度较高的顺滑口感，因此，味道在某种程度上可以自由控制。

法兰绒滴滤的基本冲泡方法

将法兰绒用毛巾轻轻包裹

将法兰绒从装有水的便当盒中取出，拧干之后用毛巾包裹除去90%左右的水分。

除去90%左右的水分

放入手中成形

将一只手收拢放入法兰绒中，使其成形变成膨胀状态。不要太过用力，不要长时间接触。

调整形状

装在咖啡壶上

将法兰绒装在咖啡壶上以后，放入咖啡粉。咖啡豆为1人16克，研磨状态为中研磨度至粗研磨度。

放入咖啡粉

将咖啡粉敲打平整

轻轻敲打法兰绒的边缘，使咖啡粉变平整。

轻轻敲打

准备88℃～90℃的热水

准备88℃～90℃的热水。如果温度过高的话，会突出咖啡的苦味。如果重视咖啡是否容易入口的话，就控制在80℃左右。

80℃左右的话容易入口

倒入25毫升左右热水蒸咖啡

将热水少量一点点倒在咖啡粉上。约25毫升的水花费15～20秒滴完。

15～20秒

倒入40毫升左右热水

蒸了大约10秒以后，倒入第一次热水。热水量要少一点，40毫升左右即可。

从中心开始画圆

膨胀并下沉之后开始第二次

等咖啡粉膨胀并且下沉之后，倒入第二次热水50毫升。再次膨胀并下沉之后，倒入第三次热水60毫升。

一直倒至第三次

在还没有滴滤完的时候取出

为了不产生杂味，在咖啡还未完全滴落至下方的咖啡壶的时候就可以取出法兰绒。需要注意深度烘焙的咖啡豆特别容易产生杂味。

深度烘焙的咖啡豆需要特别注意

倒入杯子里

将咖啡壶里的咖啡倒入喜欢的咖啡杯中，趁热饮用。

美味的咖啡完成了！

COBI COFFEE使用的法兰绒，是丸太衣料特订制造的。一般的法兰绒都是100%棉的，丸太衣料制造的是80%棉，20%涤纶。由于法兰绒不容易堵塞，即使每天冲泡也可以产生相同的味道。此外，一般的法兰绒是两片缝合而成的，而丸太衣料制造的法兰绒是四片缝合而成的，可以使从横边渗透出的咖啡沿着缝线以相同的量滴落。丸太衣料制造的法兰绒可以从东急百货等店购买，如果喜欢的话可以尝试一下。

冲泡的时候，要注意测量热水的温度，蒸咖啡粉之后分三次倒入热水，在咖啡滴滤完毕之前取出法兰绒布，这三点是重点。参照这种冲泡方法，自己尝试挑战一下法兰绒滴滤吧！

快速冲泡的爱乐压
直接萃取出咖啡豆的味道

只需要放入咖啡粉，
倒入热水并按压，十分简单

AEROBIE
爱乐压咖啡机

实际价格：3936日元

尺寸：123×291×108（毫米）
重量：476克　人数：1人用

在户外也可以轻松冲泡浓咖啡

21世纪开发出的比较新的萃取方法。其呈注射器般的形状，用空气施加压力进行萃取。即使在野外也可以轻松冲泡浓缩咖啡般的浓咖啡，萃取时间也很短，很轻松。

咖啡粉使用中研磨度～中粗研磨度。进行浅度烘焙的话，既美味又容易制作。

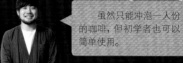

虽然只能冲泡一人份的咖啡，但初学者也可以简单使用。

教学者
COBI COFFEE
川尻大辅

细节1

分解为7个部件和工具

包含被称作柱塞的按压用的部件，以及倒入热水的压筒等几个部件。

使用专用的滤纸

由于有专门的滤纸存放盒，滤纸的收纳也很简单。

细节2

后续收拾也很简单

水分残留较少的咖啡渣方便作为垃圾丢弃

热水借用空气的力量对咖啡充分进行萃取，因此残留的咖啡渣中几乎没有水分。可以轻易地将咖啡渣从压筒中取出，和滤纸一起作为垃圾丢弃。

取下盖子，其中有咖啡渣

将压筒翻过来，倒出其中的咖啡渣

爱乐压冲泡的味道的特点

味道指标
（5级制评价）

苦味 3　酸味 4　醇度 4　风味 4

直接呈现出咖啡豆的味道

由于油脂会被一起萃取出来，乳化之后油脂会略显白色。直接呈现出豆子的成分，能够感觉到略带果香的味道。使用新鲜的咖啡豆的话能够冲泡出特别美味的咖啡。

多汁的味道

直接萃取出咖啡豆的新鲜和美味

爱乐压自问世以来就在世界上非常具有人气，其特点是由聚酯树脂制成的如注射器般的样式。构成很简单，利用气压将放入咖啡粉的热水用滤纸过滤。萃取完毕只要大约1分钟的时间，初学者也能制作出不错的味道，这正是其巨大的魅力所在。

在教我们冲泡方法的COBI COFFEE，也将爱乐压的咖啡作为打包菜单提供。它比起法兰绒滴滤更快，据说也有一直点单的

粉丝。将埃塞俄比亚等地产的混合咖啡进行浅度烘焙，醇度和浓度大约介于滤纸滴滤和法兰绒滴滤之间。用爱乐压冲泡咖啡时需要注意，将放有咖啡粉和热水的压筒倒置的时候不要洒出来，以及在按压的时候不要过度用力，大概缓慢按压30秒左右就可以了。

乍一看很复杂的设计，冲泡貌似也很困难，实际上习惯了的话可以自由控制并制作出自己喜欢的味道。在赶时间的早上或者是不想产生过多垃圾的户外，也都很实用。由于是很罕见的设计，在给朋友冲泡咖啡的时候，它也许能成为一个话题。

爱乐压的基本冲泡方法

将压筒翻转

将压筒部分翻转。也有不翻转的冲泡方法。

将盖子侧朝上

1

放入咖啡粉

将15克中研磨度或中粗研磨度的咖啡粉放入压筒中。

咖啡粉约15克

2

倒入50毫升热水

在压筒中倒入50毫升85℃或者略低温度的热水。

85℃或者更低温度

3

等待约30秒

等待大约30秒，蒸咖啡粉。

蒸咖啡粉

4

用搅拌棒搅拌3次

用搅拌棒轻轻搅拌3次，将咖啡粉和热水混合。

将咖啡粉和热水混合

5

追加130毫升热水

追加130毫升热水。在压筒中合计加入180毫升热水。

合计180毫升

6

用热水弄湿滤纸

将专用的滤纸用热水轻轻打湿。这样滤纸可以更容易附在盖子上。

容易固定在盖子上

7

安装盖子

将专用的滤纸贴在盖子上，将盖子安装在压筒上。

热水渗透很快

8

将压筒翻转

将压筒翻转过来。注意动作要快，不要让热水洒出来。

动作要快

9

放在杯子上

将压筒放在杯子上，注意不要倾倒。从倒入热水开始到此步骤大约1分钟。

注意不要倾倒

10

从上面按压萃取

将两手放在压筒的上方，缓慢按压30秒进行萃取。

缓慢按压

11

倒入咖啡杯中

将萃取出的咖啡倒入咖啡杯中。趁热饮用。

美味的咖啡完成了

12

只需要把热水倒入，
等待4分钟之后按压

法式滤压壶
可以萃取出油脂，无论谁冲泡都一样美味

博登（Bodum）

肯尼亚（Kenya）法压壶

0.35升
实际价格：2427日元（约人民币153元）

尺寸：110×150×70（毫米）
令人骄傲的简约设计

教学者
Paul Bassett
角绘美子

Paul Bassett新宿店的烘焙及浓缩咖啡制作专家。在西新宿的店铺，她为我们冲泡了美味的浓缩咖啡和法式滤压咖啡。

令人骄傲的简约设计

圆形设计框架包裹着玻璃壶，简约又时尚的设计。由于外表覆盖着大的边框，玻璃壶不容易碎，并且还可能有一定的保温效果。这款容量是0.35升，此外还有0.5升或1升的类型。

萃取时的网眼要比一般的滤纸大，因此不使用细研磨度，而是选择中至粗研磨度。

咖啡粉使用中至粗研磨度

法式滤压壶也要区分使用

根据容量或者用途有各种各样不同的类型

法式滤压壶也会有产品各自的特征和味道的不同，可以根据自己的用途来选择。

HARIO 双层玻璃咖啡滤压壶
实际价格：7030日元（约人民币444元）
由于有两层玻璃，保温性能很好，一直等到萃取结束温度也不容易下降。使用的时候带有温度的橄榄木手柄会将温度传递到手上。

博登旅行滤压壶套装
实际价格：4860日元（约人民币307元）
可以冲泡后拿到桌子上，直接饮用。在饮用口有盖子，所以不用担心合着盖子的时候，壶倒了的话咖啡会洒出来的问题。

3人份 雪峰 钛咖啡滤压壶
实际价格：5810日元（约人民币367元）
可以直接放在火上制作3人份的咖啡。由于是用钛制造的，所以很结实，在户外可以享受野性的咖啡。

细节

将螺丝松开清洗
每月一次

每月一次，将网状过滤器的螺丝拧开清洗，充分洗净咖啡粉。

法式滤压壶冲泡的味道的特点

味道指标
（5级制评价）

苦味 **4**　酸味 **4**　醇度 **3**　风味 **3**

苦味和酸味皆能浓烈地呈现
法式滤压壶能够直接萃取出咖啡豆的美味。只是，使用低品质的咖啡豆的话，会直接萃取出咖啡本来的味道，请注意这点。

直接的咖啡豆的美味

只需要倒入热水等待，就能完成正宗的咖啡！

玻璃壶和带有柱塞的网状过滤器结合而成的法式滤压壶，只需要将中至粗研磨度的咖啡粉和热水倒入并等待4分钟。由此就能冲泡出萃取了咖啡本来的美味的正宗咖啡，它在近期有很多粉丝。同样的咖啡豆不止用手冲，也尝试用法式滤压壶冲泡，享受其中的不同，也会有些新发现。

如果有一个法压壶的话，在工作中想喝纯正的咖啡的时候，就能马上冲泡，这也是其魅力所在。并且，简单地操作就能品味到飘香的上好咖啡。法式滤压用的工具，有能够携带的杯子类型的，在自家冲泡后可以在车内饮用，也有只要有咖啡粉和热水就可以当场冲泡的便携类型。在忙碌的早上，没有用滤纸进行滴滤的时间的时候，只需要放入咖啡粉和热水，就能挤出整理装束的时间，这也很令人愉快。

在此次教给我们法式滤压咖啡的冲泡方法的是Paul Bassett新宿

法式滤压壶的基本冲泡方法

称量咖啡豆

将中至粗研磨度的咖啡粉细心称量17.5克准备好。

重量是17.5克

倒入咖啡粉

打开法式滤压壶的柱塞，将咖啡粉倒入其中。

不要洒出来

倒入270毫升热水

将咖啡粉敲打平整后，倒入270毫升93℃～95℃的热水。

温度是93℃～95℃

从上至下大幅搅拌

由于咖啡粉会浮在热水表面，用搅拌棒搅拌，使得咖啡粉下沉。

让咖啡粉沉到热水下面

安装盖子

轻轻搅拌之后，盖上盖子。保持过滤器不会掉下来的状态。

充分合紧

以这种状态保持4分钟

用计时器充分计时4分钟。注意，如果时间过长的话，会产生杂味。

用计时器计时

将柱塞从上按压

拿着柱塞缓慢向下压。

缓慢按压

一直压到下面

一边注意咖啡粉不要到滤网的上面，一边向下水平按压。

粉末下沉

倒入咖啡杯中

保持盖子盖上的状态，从壶嘴将咖啡倒入杯子里。趁热饮用。

美味的咖啡完成了！

萃取液少量残留　要点

因为底部的液体会有粉味，口感容易发涩，因此最后残留少许咖啡粉会比较好。

因为会有粉味和发涩的口感

店，除了浓缩咖啡，还提供滤纸滴滤和法式滤压的咖啡。据员工角绘美子说，法式滤压的特点是即使初学者也可以轻松简单地冲泡，尽量使用上等的咖啡豆进行法式滤压。表面会浮有咖啡的油脂，看起来略显浑浊，但这个油脂正是咖啡丰富的芳香和风味的来源。

冲泡时候的注意点是，在将咖啡粉倒入玻璃瓶中时要除去细微的粉末，最后按下柱塞的时候保持水平向下。这样的话，细研磨度或者涩味就不会残留，上等咖啡豆的美味能够得到十二分的满足。咖啡萃取之后，尽量早点将残留的粉末扔掉，并将过滤器洗净。将温水倒入打开的玻璃壶中上下晃动洗净。

意式咖啡机
制作风味强、醇度浓的意式咖啡

电气式的压力很高,
可以冲泡出浓厚的咖啡

咖啡店的机器价值几万元以上

家庭用的在这边

9巴气压可以同时
冲泡2杯咖啡

本次取材的COBI COFFEE、Paul Bassett,设置的商用机器都价值几万元以上。机器连续使用很方便,打泡器的性能也很好。

附有两个手柄

还有奶油
打泡器的功能

附有咖啡粉专用的手柄和咖啡壶专用手柄。

有着双重构造的蒸汽喷嘴,可以制作奶泡。也可以拆卸下来进行水洗。

电气式的压力很高,
可以冲泡出浓厚的咖啡

意式咖啡的味道特征

味道指标
(5级制评价)

苦味	酸味	醇度	风味
4	4	3	3

浓缩了咖啡的美味
口感均衡

虽然有着味道苦且浓厚的影响,实际上醇度、苦味、酸味等都平衡得很好。放砂糖的话会增加甜味,可以平衡各种各样的味道,享受独特的美味。

带有油脂

德龙
ECO310B

实际价格: 25100日元(约人民币1584元)

尺寸: 265×325×290 (毫米)
重量: 4千克 人数: 1人用

古典的设计很棒

在家也可以冲泡芬芳四溢的意式咖啡

曲线美和光泽感引人注目,优雅的设计。顶部可以倒放三个左右的杯子,可以同时进行温热。

在家也能萃取出接近咖啡店的美味浓缩咖啡

近年的咖啡菜单上,不仅有滴滤咖啡、意式咖啡、拿铁、卡布奇诺,也能见到美观的拿铁拉花艺术。由此,想在家里随时能够冲泡出意式咖啡的人也增加了。然而,能够同时冲泡出数杯的商用意式咖啡机,与其高功能相对应的,价格在几万元左右,电源也需要200伏,门槛很高。

家庭用的意式咖啡机和商用的比起来机器功率会比较小,连续使用比较困难,但是可以以千元的便宜价格轻松购入,品味意式咖啡。其冲泡方法和商用的咖啡机也不同。关于使用的窍门,我们请教了COBI COFFEE和Paul Bassett。共通的是,在装咖啡粉的时候将咖啡粉保持水平。这时候倾斜的话,不能顺利萃取。将粘在边缘的咖啡粉末用手指抹掉,如果咖啡粉崩散的话,再一次按平。由于意式咖啡是在杂味成分出现之前结束萃取的,所以它能够充分浓缩美味的成分。享受和咖啡店味道相近的,带有油脂的、有醇度、深度的咖啡吧!

COBI COFFEE的意式咖啡机的冲泡手法

倒入咖啡粉

将咖啡豆研磨成细研磨度，放入咖啡粉过滤勺中（商用的过滤手柄）。

咖啡粉为细研磨度

称量咖啡粉

本次在此使用19.5克咖啡粉。平时可以选择15～22.5克。

本次是19.5克

去掉多余的咖啡粉

将多余的咖啡粉用手指除去，中央部分可以稍微隆起。

除去多余的咖啡粉

握紧压粉器

用大拇指放在压粉器的上侧，食指放在压粉器的下侧，固定的同时充分握紧。

上下固定

将咖啡粉压平

手肘水平放置，将压粉器放在咖啡粉过滤勺上。一边按压过滤勺，一边调整力道。

手肘水平放置

除去咖啡粉过滤器周围的粉

用手指轻轻除去粘在咖啡过滤勺周围的咖啡粉。

用指尖轻轻除去

安装到机器上

将过滤勺安装到意式咖啡机上，旋转至充分固定。

注意不要脱落

打开开关进行萃取

打开开关萃取意式咖啡。工作15～35秒的话，能够萃取出20～35毫升。

耗费15～35秒

如果咖啡粉在弄成水平之后崩散的话，可以再按压一次。

将咖啡粉按平

将咖啡粉放入咖啡粉过滤勺中，用压粉器按压的时候，表面呈水平状也是重点之一。

Paul Bassett的意式咖啡机的冲泡手法

放入咖啡粉

将细研磨度的中至深度烘焙的咖啡粉放入咖啡粉过滤勺中。本次使用24克。

本次是24克

用压粉器垂直按压

拿着压粉器，注意将咖啡粉的表面按压得光滑平整。

最初轻轻按压

再次用压粉器进行按压

用压粉器再按压一次。这时，注意对表面整体均一用力进行按压。

第二次充分用力按压

安装至机器上进行萃取

一边注意咖啡粉不要松散，一边将咖啡粉过滤勺轻轻安装到意式咖啡机上。

轻轻安装

完成意式咖啡

打开意式咖啡机的开关进行萃取。

享受刚萃取出的咖啡

请轻轻搅拌咖啡液，一边享受芳香和风味，一边品尝。

共有口味或粉量

可以萃取出意式咖啡的只有考试合格的浓缩咖啡专家。每天和浓缩咖啡专家伙伴们互相确认粉量、萃取量和口味。

热水上升变成咖啡, 然后下落,
这个过程仿佛演出般令人愉悦

虹吸壶
像做实验般制作香味浓郁的虹吸咖啡

HARIO
虹吸壶

实际价格: 5331日元 (约人民币336元)
2人用

大小: 160×320×95 (毫米)
重量: 750克 人数: 2人用

专家也在使用的虹吸壶

虹吸壶有2人用、3人用、5人用的, 带有酒精灯。漏斗、烧瓶等单品也有贩卖, 因此它们打碎之后也能够进行替换。也有不使用滤布, 而使用滤纸的类型。

滤布的安装方法

滤布要充分煮沸

第一次使用滤布时, 将滤布固定在过滤板上, 充分煮沸, 做好初步准备工作。

将过滤板放在滤布上

在滤布的上方, 放上金属制的过滤器。

拉线包裹

将滤布边缘的线拉出, 把过滤器包裹在内。

打结之后剪掉多余的线

用滤布把过滤板包裹在内后, 把线打结, 然后剪去多余的线。

教学者
丸山咖啡
中山吉伸 先生

丸山咖啡品牌经理/浓缩咖啡相关饮品专家。世界虹吸咖啡家锦标赛 2015 年亚军。

咖啡粉为中等研磨度至中细研磨度

咖啡豆磨成中等研磨度或者中细研磨度。不太擅长搅拌的人可以选择磨成不粗不细的颗粒。

虹吸咖啡的味道特点

享受香味浓郁的咖啡

芳香浓郁, 浓香在周边飘散。高温短时提取出的虹吸咖啡, 香味很浓且醇厚。经过7～8分钟, 咖啡温度变成65℃左右后, 风味最佳。

味道指标
(5级制评价)

苦味 **4** 酸味 **4** 醇度 **3** 风味 **3**

香味很浓

不仅是味道, 香味和外观也令人享受

使用如同理科实验器具般的漏斗、烧瓶等, 将热水推至上面的壶, 将提取出的咖啡向下对流。制作虹吸咖啡时, 这些场景陆续在眼前展开。这种咖啡机演出效果一流, 在以前的咖啡馆经常能见到。如果能够得心应手地制作的话, 周围的人肯定都会十分佩服。如果已经习惯了咖啡沥干杯, 不妨尝试挑战虹吸壶。虹吸壶是用滤布的, 也有使用滤纸的摩卡。

丸山咖啡的浓缩咖啡专家、在2013年及2015年世界虹吸咖啡家锦标赛获得了亚军的中山先生说, 可以长时间享受浓郁的香味和咖啡的个性是虹吸咖啡的魅力所在。HARIO2人用虹吸壶中有附带的酒精灯, 由于高温提取, 更能给咖啡带来富有立体感的美味。本次使用的光束加热器的火力温度是400℃, 火力可以调整, 十分稳定。

高品质的咖啡豆在经过虹吸壶的高温短时提取后, 不含杂味, 有着丰富的风味和甜度的余韵。用直接体现咖啡豆风味的方法, 品味热腾腾的浓香咖啡吧!

冲泡虹吸咖啡的基本手法

将过滤器固定在漏斗上

在漏斗中放入过滤器，将顶端拉出，将钩子挂至漏斗管的前端固定。

将钩子挂好固定

用小匙按下对准中心

当过滤器从中心偏离时，用小匙移动位置，使得过滤器位于中心。

轻轻按压

加入200毫升开水

在烧瓶中加入200毫升开水。如果加冷水的话，等到沸腾还需要花费一定时间，因此加入开水比较好。

如果用冷水需要花费时间

点火

将烧瓶放在光源加热器上，打开开关。如果用酒精灯的话，将灯点上火。

本次使用光源加热器

将漏斗插入烧瓶中

将漏斗插入烧瓶中后，沸腾时漏斗触及开水，需防止突然沸腾。将橡胶放在烧瓶口，使得漏斗和烧瓶并不完全合体。

橡胶放在烧瓶口

将咖啡粉放在漏斗中

烧瓶中的开水持续出现1厘米大小的水泡时，即为沸腾。将17克咖啡粉倒入漏斗中，轻轻摇匀。

放17克咖啡粉

沸腾之后插入漏斗

将过滤器的橡胶和漏斗充分连接。连接之后，烧瓶中的沸水就会马上上升进入漏斗中。

沸水马上上升

将粉末用力混合搅拌

在上升到漏斗中的开水上，漂浮着咖啡粉。用小匙搅拌5～10回，将咖啡粉混合搅拌。

如果搅拌不够的话就会有斑点

将泡沫、粉末、开水分离

在漏斗中，从上至下为泡沫、粉末、咖啡清晰分层。变成此种状态后，等待30秒左右。

等待30秒左右

关火

关掉光源加热器的开关，静待一段时间，漏斗中的咖啡就会回落到烧瓶中。不要漏听"咕咚"的声音。

咖啡回落到烧瓶中

取出漏斗

握住漏斗，前后扭转着从烧瓶中取出。

略微挪动着取出

倒入杯中

把漏斗放在载物台上后，将烧瓶中的咖啡倒入杯子里，咖啡制作完成。

美味的咖啡完成了！

蒸汽滤压壶
用直火冲泡高醇度的浓缩咖啡

比起电气式的意式咖啡机，更能轻松使用

由于耐脏耐锈，冲泡后的收拾工作也很轻松。

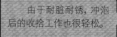

教学者
咖啡厨房学园园长
富田佐奈荣

比乐蒂

BRIKKA
摩卡壶

2人用
实际价格：6919日元（约人民币437元）

尺寸：17×15.5×9（厘米）
重量：480克　人数：1～2人用

伴随着"扑哧"的声音萃取浓缩咖啡

　　采用特殊的阀门，这种浓缩咖啡机可以简单制作具有醇度的油脂。由于是携带方便的小型尺寸，家用自不用说，户外也很方便使用。清洗的时候不能使用洗洁精。

在户外也能享受浓缩咖啡

咖啡粉为细研磨度

细研磨度的咖啡粉最适合较浓的浓缩咖啡。选择深度烘焙。

细节1

烧瓶和杯子部分分开

下部的烧瓶部分倒入水放在火上。接口处铺有铁丝网，使用的时候很安心。

充分利用了蒸汽的力量的构造

蒸汽压将热水向上压，使热水通过放有咖啡粉的粉槽，从而萃取咖啡。

细节2

无须滤纸

因为有金属制的过滤器，所以不需要滤纸。只要有咖啡粉就可以了。

摩卡壶冲泡的味道特征

味道指标
（5级制评价）

苦味	酸味	醇度	风味
5	3	4	3

苦味和醇度并存的浓味咖啡

制作出的咖啡是具有深厚的苦味和醇度的浓度咖啡。以特别的阀门施以高压从而萃取咖啡的"BRIKKA"，虽然是直火式，但是可以冲泡出和意式咖啡机一样的具有油脂的咖啡。

充分呈现浓缩咖啡的味道

在室外也能享受直火式浓缩咖啡机

　　浓缩咖啡是将极细研磨度的咖啡粉用高温高压的水蒸气进行萃取而成。制作浓缩咖啡可使用意式咖啡机般的机械式，以及蒸汽滤压壶般的直火式。直火式比机械式压力低，味道更加柔和。用直火式萃取的咖啡为了和浓缩咖啡区别开来，称为"摩卡"，但是基本的萃取方法是不变的。

　　在日本说到浓缩咖啡的话，可能很多人一般会想到的是用机械式做成的，也就是去咖啡店喝到的那种咖啡。但是，在浓缩咖啡的故乡意大利，直火式也很普遍。蒸汽滤压壶几乎在所有的家庭都有，是固定的咖啡机。比乐蒂公司的以"快速摩卡"为代表的直火式蒸汽滤压壶，比起机器价格更便宜，而且使用方法也更简单，这也是其具有人气的原因之一。

　　由于不使用电也能进行萃取，在露营时能够围起篝火享受咖啡也是其魅力之一。它的大小也是能带上车的，不用担心。可以边欣赏雄伟的景色，边享受浓缩咖啡。

蒸汽滤压壶的基本冲泡方法

分解成零件

将上部的杯子、中间的粉槽、下部的烧瓶分解为三部分。

分解为三部分

倒入水

在下部的烧瓶中倒入想冲泡的杯数的水量。水量的标准为每杯30毫升。

标准为每杯30毫升

安全线为标准

习惯了之后不用计量也可以。水倒至烧瓶内侧附有的安全线下方约为2杯量。

安全线下方约为2杯量

在粉槽中放入咖啡粉

将准备好的数杯量的咖啡粉轻轻倒入粉槽中。标准量为每杯8克。

标准为8克

安装粉槽

将装有咖啡粉的粉槽安装到烧瓶上。此时，要事先将咖啡粉整理平整。

将咖啡粉整理平整

安装杯子

在烧瓶的上部安装杯子。充分回旋固定，使得蒸汽压不会泄漏。

充分固定

加以小火

将蒸汽滤压壶放在小火上。使用调节口的话，将它直接放在三角火架上也可以，或者也可以铺上铁丝网等使其稳定。

调节口上使用铁丝网

在听到响声之后停火

开始萃取之后，会有咕噜咕噜的响声。听到这个声音之后，马上停火。在户外使用的时候，则将其从火上拿下来。

发出咕噜咕噜的声音之后停火

等待萃取

在杯子中累积一定的萃取出来的浓缩咖啡之后，将咖啡倒入容器中，完成咖啡的制作。

美味的咖啡完成了！

每次冲泡浓缩咖啡都会有成长的快乐

　　直火式浓缩咖啡机比起机械式的来说压力较小，但是比乐蒂的"BRIKKA"是在喷嘴前端装备了特殊构造的阀门的制品。它和高压锅有着相同的构造，具有一定重量的阀门使得内部的气压增高，即使直火式也能获得相当高的蒸汽压。萃取之后，直火式还能享受充满油脂的浓厚的浓缩咖啡。

　　直火式浓缩咖啡机越使用就会越染上咖啡的香味，萃取出来的咖啡味道也会越来越好。越使用，就越能培养出自己独特的口味和器具，这种享受也是此咖啡机的魅力之一。也有人认为，刚开始使用的浓缩咖啡机，通过多次反复的萃取，在"习惯运转"之后再开始正式使用比较好。

　　注意点是，使用后不要用洗洁精进行清洗。如果用洗洁精的话，工具上会染有洗洁精的香味，从而使得咖啡的香味损失。只需要在刚购买的时候使用洗洁精，之后清洗的时候只需要用水就够了。此外，用极细研磨度的咖啡粉的话，容易造成堵塞，因此使用略粗的细研磨度的咖啡粉比较好。

咖啡的基础知识

057

COFFEE BASICS

咖啡滤压壶
只需要放入咖啡粉和水后开火，在户外也能轻松使用

调节适当浓度的随意度很有趣

GSI

不锈钢咖啡滤压壶

3杯份
实际价格：6320日元
（约人民币399元）

尺寸：高14厘米　重量：380克
人数：1～3人用

轻便结实的咖啡壶

　　不锈钢材质很轻便，这种尺寸携带也很方便。材料自身耐久性能很好，由于构造简单，所以不用担心零件损坏。这正是在户外使用首要考虑的咖啡壶。尺寸有3杯份、6杯份、9杯份三种。

也可以用作烧开水的水壶

粉槽和滤网都在内部

细节1

放咖啡粉的粉槽中插有通过热水的小管，上方覆盖滤网。

细节2

可以从盖子的部分确认咖啡浓度

盖子的盖帽部分是透明的，可以确认萃取出的咖啡的浓度。

使用粗研磨度的咖啡粉

由于滤网的网孔很大，如果用细的咖啡粉的话，容易混入咖啡里。因此选择粗研磨度的咖啡粉。

等待咖啡粉向下沉

看着盖子的颜色缓缓变化也很有意思。

萃取后咖啡粉混杂的时候，稍微放置一会儿，等到咖啡粉下沉了以后再倒入杯子里。

教学者
咖啡厨房学园园长
富田佐奈荣

咖啡滤压壶冲泡的味道特征

味道指标
（5级制评价）

苦味	酸味	醇度	风味
4	4	4	4

制作热腾腾的美式咖啡

用咖啡滤压壶冲泡的咖啡，和其他萃取方式比起来，酸味比香味和苦味更加突出，也就是美式咖啡的味道。由于持续沸腾，完成时的温度还是热腾腾的。

可以调节喜欢的浓度

在野外享受野性的咖啡

　　咖啡滤压壶是将沸腾后的热水通过粉槽内的咖啡粉进行萃取的构造。由于萃取后的咖啡会再次通过粉槽，咖啡会越煮味道越浓。可以根据自己的喜欢调节咖啡的浓度，这是咖啡滤压壶的特点。

　　咖啡滤压壶于19世纪在法国问世之后，传到了西部开拓时代的美国。喜欢西部剧的人，应该看到过牛仔们围着篝火，饮用咖啡滤压壶冲泡的咖啡的场景。它有着滴滤咖啡和虹吸咖啡没有的野

性魅力，也有人讲究露营时冲泡咖啡一定要使用咖啡滤压壶，可以享受牛仔般的氛围。

　　实际上，咖啡滤压壶的构造很简单，不易损坏，使用后的收尾工作也很简单。不需要滤纸，它不仅可以作为咖啡壶，还可以作为烧水壶使用，因此用于在户外使用十分合理。此外，因为在沸腾之后马上就饮用，完成时的温度会比滴滤咖啡更加滚烫。特别在寒冷时候的露营，用它制作的咖啡会成为独特的味道。这种氛围也适合大家围在一起享受。

咖啡滤压壶的基本冲泡方法

分解成零部件

首先分解成咖啡壶、咖啡壶内的粉槽、滤网三部分。

分解成三部分

倒入水，开火

加水至咖啡壶的刻度线。标准量为每杯130毫升。倒完水之后开火，使其沸腾。

标准量为每杯130毫升

向粉槽中加入咖啡粉

等待水沸腾的时候，将数杯量的咖啡粉放入粉槽内。标准量是每杯18克。

标准量是每杯18克

将咖啡粉敲打平整

将粉槽的底部放在桌子等干净的地方轻轻敲打，使得咖啡粉的表面变得平整。

轻轻敲打

安装滤网

将咖啡粉敲打平整之后，将滤网安装在粉槽之上。之后，等待咖啡壶内的水沸腾。

放在粉槽上面

沸腾之后关火

咖啡壶内的水沸腾之后，暂时将火关掉。在室外使用篝火时，则将咖啡壶从火上拿下来转移到别的地方。

窍门是暂时关火

安装粉槽

将放有咖啡粉的粉槽安装在咖啡壶内部。在室外的时候，注意咖啡壶内不要进灰或者沾上脏东西。

放入咖啡壶内

再次开火

盖上咖啡壶的盖子，再次开火。这时，火的大小设定为小火。使用篝火的话要注意火的大小。

火力为小火

根据喜欢的浓度选择关火

热水到达盖子上，咖啡的颜色慢慢变浓。根据喜欢的浓度选择关火的时机。将咖啡倒入杯子中，完成咖啡的制作。标准时间为3分30秒。

美味的咖啡完成了！

对冲泡出美味的咖啡而言，熟练和经验是必要的

咖啡滤压壶需要在萃取时通过盖子的把手部分确认咖啡的颜色，等到自己喜欢的浓度的时候关火，然后停止萃取。刚开始使用的时候，通过看颜色来判断恰到好处的浓度是很困难的，有可能制作出来的咖啡味道偏淡、偏酸等。

从构造上来说，沸腾的同时，萃取出的咖啡也在咖啡壶内持续煮沸，因此这和其他的萃取方式比较起来，不管怎样苦味和香味都会比较弱。并且，滤网的网眼很大，使用细咖啡粉的话，咖啡粉会和咖啡液混合，从而使得咖啡颜色浑浊或者是有杂味。因此，使用粗研磨度的咖啡粉是必要的，而这也是制作出的咖啡酸味较重的原因之一。此外，用大火煮或者长时间煮的话，会丧失咖啡的香味，请注意这点。

想要冲泡出美味的咖啡，熟练和经验都是必要的，但是由此发现适合自己的味道的浓度时，也会令人分外感动。

在户外一边点着篝火，一边静静等待咖啡滤压壶中的咖啡煮至恰到好处的浓度，可以度过一段悠闲的时光。

一下子冷却的话,
咖啡会维持高透明度

冰咖啡
用深度烘焙的咖啡豆制作并快速冷却

冲泡冰咖啡前的重点

要点 1　　选用深度烘焙的咖啡豆

咖啡豆的烘焙度为中度烘焙至深度烘焙

冰咖啡要用有苦味的咖啡豆

人类的味觉,吃冷的东西的时候,对于酸味有强烈的感觉。因此,冰咖啡使用苦味较强的深度烘焙的咖啡豆,更能平衡酸味和苦味。

要点 2　　咖啡粉放略微多一点

咖啡粉的研磨度为细研磨度至中研磨度

由于冰块会让咖啡变淡,萃取的时候可以较浓些

由于萃取之后要用冰块冷却,如果事先冲泡的偏浓的话,味道也会变淡。比起通常的滤纸滴滤,每杯多放6克左右的咖啡粉为宜。

要点 3　　使用冰咖啡用的咖啡粉

醇度和清凉感完美平衡

UCC
GOLDSPECIAL
冰咖啡
实际价格:645日元
(约人民币41元)

**味道也很均衡
性价比也很高**

使用混合粉来制造冰咖啡的话,很简单就可以制作出均衡口味的咖啡。其性价比也很好,是想要经常饮用冰咖啡的人们的安心之选。

要点 4　　利用专用商品

可以很有效率地制作咖啡

膳魔师
冰咖啡机/ECI-660
实际价格:6180日元(约人民币390元)

机器最好是冰咖啡专用的机器

操作很简单,并且能冲泡出接近咖啡店的正宗冰咖啡。提前预约也能保留美味是冰咖啡专用咖啡机特有的功能。

谁都能简单地冲泡咖啡

安装咖啡粉

适量加入喜好的咖啡豆。标准量为3杯21克或者5杯35克。

倒入冰块后安装

将冰块放至盖子还能合上的程度。即使味道变淡也很好喝,因此很安心。

倒入水

结合水量杯倒入水。由于口较小,使用萃取容器倒入会比较好。

只需要按下开关

不需要详细的设定,只需要按下开关这种简单操作就可以了!

基本的冲泡方法和滤纸滴滤是一样的

刚泡好的冰咖啡在便利店的咖啡中也很常见,但其实在自家也能出人意料地简单制作。在此,介绍制作方法的窍门。

基本的冲泡方法,使用和滤纸滴滤一样的方法就可以了。只是,在冲泡冰咖啡时需要事先掌握几个重点。

首先,使用深度烘焙的咖啡豆。如果使用浅度烘焙的咖啡豆的话,酸味会突出,并且整体的味道会变淡。其次,多使用些咖啡

豆,使得冲泡的味道较浓。因为冰块会使得咖啡味道变淡,如果和热咖啡使用同样数量的咖啡豆的话,咖啡味道会变淡。此外,萃取后的咖啡用冰块迅速冷却。

事先预约的话,待咖啡快速冷却之后,除去冰块,在冰箱里保存的话,可以在2天内美味地饮用。

如果还想更加轻松享受的话,可以活用调整成冰咖啡用的混合咖啡豆,或者冰咖啡机等专用商品。不需要细微分量的调整等窍门或技巧,就能制作出口感均衡的冰咖啡。

冰咖啡的基本冲泡方法

放入咖啡粉

咖啡粉的目标量为1杯18~20克。这比通常的滤纸滴滤多6克左右。

比通常情况多6克左右

蒸了之后倒入第2次热水

蒸10~50秒之后,使咖啡粉膨胀。之后,再开始正式地从咖啡粉正中间以画圆的方式倒入热水。

蒸10~50秒

在玻璃杯中放入冰块

在玻璃杯中放入很多冰块。以尽量多的冰块来进行快速冷却,是冲泡出美味冰咖啡的窍门。

大量放入

倒入热水

倒入热水蒸咖啡粉。将少量热水从咖啡粉正中间以画圆的方式倒入,将咖啡粉整体打湿。

从正中间倒入

倒入第3次热水

第二次之后,等粉末上方的泡泡消失之后,再以同样的步骤倒入热水。等到1杯量的热水落下之后,卸掉滤杯。

等到泡泡消失之后倒入

将咖啡倒入玻璃杯中

将咖啡从咖啡壶缓缓倒入玻璃杯中。倒完之后,在咖啡上方放入新的冰块完成咖啡的制作。

缓缓倒入

萃取出优质的甜味和苦味,容易入口的冷萃咖啡

RIVERS
冰咖啡随行杯
实际价格:1782日元
(约人民币113元)

不使用玻璃杯直接饮用

最适合萃取一人份咖啡的大杯子尺寸。不需要转移到玻璃杯中,可以直接饮用也很方便。由于咖啡粉容易漏出来,注意萃取后尽量不要摇晃。

IWAKI
冰滴咖啡壶
实际价格:1691日元
(约人民币107元)

用眼睛享受过滤的样子

在上方的水槽中放入水,在咖啡粉中逐滴滴落冰水的咖啡冷萃壶。比起事先将咖啡粉浸泡在水中的类型,其特点是制作出的咖啡味道更加爽口。

HARIO
带滤网冷萃壶
实际价格:1609日元
(约人民币102元)

容易放入冰箱冷藏的红酒瓶形状

带有可以密封的盖子。由于是红酒瓶的形状,可以放在冰箱门边的位置,也可以横着放置,收纳性能出众。由于可以放很多咖啡粉,因此可以冲泡出比较浓的味道。

配合尺寸,放入的咖啡粉量也较少。此杯大小刚好是冲泡1人份的咖啡。

水槽中的水滴落完的话,就代表萃取结束了,因此是否制作完成一目了然。

容易取出的硅胶盖子的形状,在倒入玻璃杯时也很方便。
在过滤器中放入咖啡粉,在冰箱中保存8小时左右即可完成萃取。

要冲泡优质咖啡的话，伴侣的选择也很重要

水 硬度和pH值对于咖啡味道有很大影响

硬度

硬水适合浓缩咖啡

硬度在120毫克/升以上，含有大量的钙和镁元素等。用硬水冲泡滴滤咖啡的话，容易产生苦味，因此硬水不适合制作滴滤咖啡。硬水适合浓缩咖啡。

雀巢
康婷
（Contrex）

硬度1468毫克/升
pH值7.4

产地是法国，含有丰富的钙和镁元素，可以补充缺失的矿物质。

雀巢
维泰尔
（Vittel）

硬度315毫克/升
pH值7.8

产地是法国，含有钙和镁元素。在硬水中，属于比较没有偏向的口味。

依云

硬度304毫克/升
pH值7.2

产地是法国。钙和镁的平衡很好，对于习惯饮用软水的日本人来说也容易饮用。

软水适合滴滤萃取

不含矿物质，爽口且没有什么突出的特性。日本和美国的水就是如此，能够提取出原料本身的美味，非常适合滴滤咖啡或者茶的冲泡。

三得利

硬度30毫克/升
pH值7.0

产地是山梨县北杜市白州町。口感利落，风味佳，爽口的同时有种清凉感，也可以在煮饭的时候使用。

大塚食品
**水晶喷泉
饮用水**
（CRYSTAL GEYSER）

硬度38毫克/升
pH值7.6

产地是美国。在滴滤咖啡中使用的话，杂质会比较少，还可以煮出柔软美味的米饭。

麒麟
富维克
（Volvic）

硬度60毫克/升
pH值7.0

虽然产地是法国，却是日本人习惯的软水。无过滤，无杀菌，可以品味原有的自然风味。

pH值

pH值高是温和的口感

pH值在7以上的水是碱性。因为有中和酸性咖啡的作用，用碱性的水冲泡咖啡的话会产生自然且温和的口感。

pH值低会产生强烈的酸味

pH值低于7的水是酸性。咖啡自身就是酸性的，如果用pH值比较低的水冲泡的话，会因为过于酸而难以饮用。

日本的自来水是软水，很适合滴滤萃取！

直接使用也可以

要点1
将水煮沸除去漂白粉的味道

如果在意漂白粉的味道的话，可以将自来水倒入开盖的水壶中，沸腾5～10秒，就可以减轻味道。避免使用瞬间开水壶烧开的保温热水。

要点2
用净水器除去杂质

将带有活性炭或者中空丝膜过滤器的净水器安装在水龙头上，或者将活性炭放入存储自来水的水箱内，可以将自来水中含有的氯等杂质除去。

要点3
注意旧水管！

不管日本的水管再怎么安全，水管自身老化的话也是不行的。铁分会变高，和咖啡中的丹宁产生反应从而对味道产生影响，因此需要注意。

如果在意漂白粉的味道的话可以煮沸

日本的自来水是软水，pH值在7左右。冲泡咖啡时不会对咖啡的味道产生大的影响。

水、砂糖、奶油会左右咖啡的味道

对咖啡而言，水、砂糖、奶油都是重要的元素。水尤为重要，一般适合泡咖啡的是含有钙、镁等矿物质较少的软水。软水泡咖啡会保留咖啡的成分，让人享受咖啡本来的味道。含有较多矿物质成分的硬水，会和咖啡本来的成分产生反应，从而苦味会变强，因此适合浓缩咖啡或者用深度烘焙的咖啡豆进行萃取。

pH值在7以上，碱性较强的水，会和酸性强的咖啡豆产生反应，形成温和的味道。直接使用自来水也完全没有问题，但是冲泡浓缩咖啡的时候可以使用依云等硬水，尝试不同的味道也很有趣。

对于怕咖啡苦味的人或者中途想要改变口味的人，可以放入砂糖或咖啡牛奶。砂糖有着爽利的甜味，不会影响咖啡，虽说容易溶解的细砂糖最为合适，但也可以通过咖啡糖来改变味道，或者可以使用方糖来享受味道的变化。至于咖啡牛奶，如果想要增加醇度的话可以使用生奶油，偏向爽口味道的话推荐使用植脂奶油或者咖啡奶精、奶油粉或者奶精，也有较浓的动物性奶油类型。

砂糖

清爽口味的细砂糖是最佳!

制作糖浆!

不到10分钟的简单菜谱

基本上大家都是使用市面上贩售的糖浆,但是其实在自己家也能简单制作糖浆。糖浆放入密封的容器中,放在冰箱的话,可以保存1个月左右。在做饭时也可以使用。

放入冰箱的话可以使用1个月

1 准备好1:1的水和砂糖

2 用锅将水煮沸

3 放入砂糖,用中火加热

4 将砂糖完全溶解

咖啡糖

加入焦糖着色的砂糖。用来调和焦糖的风味和咖啡的苦味。

细砂糖

不会影响咖啡味道的清爽口味。容易溶解,也容易调节分量。

三温糖

纯度较低,含有较多的矿物质,因此具有独特的风味。适合放入加了牛奶的咖啡中。

方糖

固态的细砂糖。由于难以溶解,刚放入时饮用和最后的甜度不同。

糖浆

在难以溶解砂糖的冰咖啡中使用。黏度较高的话会变成焦糖蜜。

中粗糖

比细砂糖颗粒要大,可以享受缓慢溶解带来的甜度变化。

容易溶解的细砂糖

砂糖可以衬托咖啡的味道,使咖啡容易饮用。砂糖有着很多种类。最佳的是细砂糖,是没有偏向的爽口的味道。其他的砂糖也各有特征,可以根据咖啡的种类或者饮用方法分别使用。

容易调整分量

咖啡牛奶

柔和苦味,增加醇度

清爽的口味 ←——————————→ **产生醇度**

咖啡奶精

在植物性脂肪中添加乳化剂制作而成,比较耐放。清爽的味道可控制卡路里。

KEY COFFEE KEY CREAMY 奶油球

实际价格:282日元(约人民币18元)

通过高压均质化制作无菌化填充包装,可以长时间保持美味。

UCC Café Plus

实际价格:259日元(约人民币16元)

不含反式脂肪酸,奶精类型的牛奶。

粉末奶油

不需要冷藏也能保存,十分便利。想要柔和苦味的话,比起植物性,动物性的更合适。

森永 CREAP

实际价格:619日元(约人民币39元)

轻便的塑料瓶装。有两种规格:280克装和90克装。

AGF Marim

实际价格:438日元(约人民币28元)

特征是能衬托咖啡味道的丰富的醇度和爽口的后味。

生奶油

圆润浓厚的口感。用于咖啡的话,适合乳脂肪含量10%～30%的生奶油。

中泽组 Fresh-Cream30%

实际价格:1466日元(约人民币93元)

虽然是低脂肪却也有一定醇度的奶油,为咖啡添加圆润的口感。

中泽组 Pantry Cream

实际价格:456日元(约人民币29元)

乳脂肪含量30%的轻型奶油。全部用完的大小为100毫升。

如果想要缓和苦味的话,选择动物性奶油

虽然咖啡是享受苦味的饮料,但是怕苦的人可以通过添加奶油来缓和苦味。想要浓厚的醇度的话选择生奶油,如果不太想要突出醇度的话使用咖啡奶精,如果重视便利性的话使用粉末奶油等。

变得容易饮用

尝试添加可以享受个性化的香气和味道的伴侣

白兰地

飘散着芳醇的香气,有种成年人的氛围。

棉花糖

难以溶解的时候用勺子使其下沉。

肉桂

稍微在咖啡中浸泡一会儿,香味就会转移。

枫糖

加入深度烘焙的咖啡中,呈现恰到好处的甜味。

焦糖

添加焦糖独特的强烈甜味和香气。

蜂蜜

形成能够抑制卡路里的不可思议的味道。

尝试会变成什么样的味道也很快乐

除了砂糖和咖啡牛奶,还可以通过添加其他伴侣来享受各种各样的香气和味道。可以结合心情做各种各样的尝试。

想要尝试一下的花式配方

咖啡的基础知识
060
COFFEE BASICS

牛奶咖啡/维也纳咖啡

牛奶恰到好处起泡的话，口感也会很好
咖啡和牛奶1:1配比简单就能制作的牛奶咖啡

打好奶泡的窍门是将牛奶适度加热

用滴滤咖啡和热牛奶制作而成的咖啡牛奶，对肠胃也很好。将热牛奶从高的位置猛地倒入，杯子表面就会起泡，这样制作是最正宗的。牛奶的温度，在60℃～70℃的时候是最容易起泡的。

> 一般放入较大的牛奶咖啡杯

准备的食材
- ●滴滤萃取之后的咖啡
- ●热牛奶

1 滴滤萃取咖啡

2 用锅将牛奶加热（60℃～70℃）

3 将咖啡倒入杯子中

4 将牛奶从高的位置猛地倒入

咖啡的基础知识
061
COFFEE BASICS

基本不混合
能够享受奶油、咖啡、粗砂糖
三种味道的维也纳咖啡

装饰配品可以根据喜好来安排

在冲泡的浓滴滤咖啡上放上打发的奶油制作而成的维也纳咖啡。奶油上方放上坚果等加以装饰的话，可以享受甜品般的感觉。

> 用汤匙一边小口品尝奶油一边饮用咖啡

准备的食材
- ●滴滤萃取的咖啡（深度烘焙）
- ●打发的奶油
- ●粗砂糖
- ●坚果

1 准备好咖啡和打发的奶油等

2 将咖啡倒入已经放有粗砂糖的咖啡杯中

3 将打发的奶油轻轻放在咖啡上方

4 将坚果放在打发的奶油上方

熟练滴滤以后 使用花式配方

记住滴滤咖啡的正确冲泡方法之后，也想要挑战一下花式咖啡。即使不改变咖啡豆或滤杯，只通过添加牛奶或者打发的奶油，就可以享受和普通的咖啡略显不同的美味，这就是花式咖啡的魅力。

不管做什么花式配方时的共同重点是在于，需要好好冲泡作为基底的滴滤咖啡。如果这里敷衍的话，不管之后花费多少功夫，做出的咖啡都不会好，因此这点事先特别强调。刚开始的时候，没有必要特别改变咖啡豆或者滤杯。用一直使用的工具，细心地冲泡咖啡。

固定配方之一是添加牛奶制作的牛奶咖啡。很简单，但是咖啡的香味和醇度可以通过牛奶变得柔和。温和的味道最适合寒冷的早晨。顺便一提，牛奶咖啡和拿铁咖啡虽然名字相似，但是，诞生于

热摩卡可可/肉桂咖啡

加入可可甜酒或巧克力屑也很美味
用巧克力酱添加甜味会变得更容易入口的热摩卡可可

容易饮用且融合了可可制品的醇度和甜味的搭配

　　摩卡可可是将巧克力或者可可豆等可可制品加入咖啡中形成的饮品。由于能够给滴滤咖啡添加甜度和醇度，即使怕苦味的人也能容易享受。建议使用容易溶解的巧克力酱，但是也可以添加巧克力屑等。

在顶端浇上巧克力酱，变成不同的图案

用巧克力酱画出喜欢的图案，令人愉悦

准备的食材
- 滴滤萃取好的咖啡
- 咖啡糖
- 巧克力酱
- 打发的奶油

事先将生奶油打发

咖啡厨房学园园长
富田佐奈荣

2 在温热的杯子加入咖啡糖

3 从上方添加巧克力酱

4 将咖啡倒入杯子里

5 将打发的奶油放在咖啡表面

6 浇上巧克力酱

据说肉桂可以促进血液循环，
对于寒症有效果。
在苦味里添加了香料，
能够享受香味的肉桂咖啡

在咖啡里添加肉桂的香味

　　肉桂在点心中颇为常见，和咖啡的组合也不错。添加肉桂的话，可以享受和一般的咖啡不同的风味。加入橙皮果酱的话，会更添风味。

只撒上肉桂粉也可以

准备的食材
- 滴滤萃取好的咖啡（深度烘焙）
- 橙皮果酱
- 肉桂棒

1 滴滤咖啡选择深度烘焙

2 在杯子里放入橙皮果酱

3 在杯子里倒入咖啡

4 用肉桂棒搅拌后饮用

　　法国的牛奶咖啡使用的是深度烘焙的咖啡加上牛奶，诞生于意大利的拿铁咖啡使用的是浓缩咖啡加牛奶，材料上有区别。

　　咖啡店的固定饮品维也纳咖啡，是在咖啡上放上打发的生奶油并使奶油浮在表面的一种饮品。饮用的时候不用搅拌，用汤匙捧起奶油饮用。不时舔着奶油喝咖啡，可以悠闲享受咖啡味道的变化。

　　摩卡可可是将巧克力或可可豆等可可制品的甜味和醇度添加到咖啡中的制品。使用打发的奶油和巧克力酱的话，可以绘画出自己喜欢的图案，令人愉快。巧克力屑、可可甜酒等可以使用的

材料很多，可以做各种各样的尝试，以寻找自己喜欢的搭配，这个过程也很令人享受。

　　肉桂咖啡是将肉桂的香味添加到咖啡中。用肉桂棒搅拌咖啡后饮用是正宗的方法。如果想要简单地结束的话，只将肉桂粉撒到咖啡上也可以。一直都是只添加咖啡奶油的人，也可以通过少许的创新来发现各种各样的味道。

马洛基诺/橙子卡布奇诺

用小杯子装以甜点的感觉食用
甜甜的巧克力风味柔软香甜，同时也能享受苦味的马洛基诺

可以同时享受浓厚的甜味和苦味

最新的花式配方

近年，也开始流行花式配方。使用巧克力糖浆和奶泡来产生甜味，从上方撒落大量可可粉。有醇度的甜味和浓缩咖啡核心的苦味十分均衡。觉得不够甜的话还可以再撒细砂糖。

想要甜味的话，可以从上方撒入细砂糖

咖啡厨房学园园长
富田佐奈荣

作为新感觉的浓缩咖啡在米兰大为流行

准备的食材
● 浓缩咖啡
● 巧克力糖浆
● 奶泡
● 可可粉

1 将咖啡滴滤萃取

2 将巧克力酱倒入杯子里

3 将浓缩咖啡倒入杯子里

4 将奶泡缓缓倒入中心

5 在上方撒大量的可可粉

以偶尔咬到橙皮的苦味为点缀
卡布奇诺呈现爽口的甜味，
可以喝的橙子卡布奇诺

添加了酸味和苦味，不会令人厌倦的美味

使用了和咖啡很搭配的橙子的花式配方。在卡布奇诺里添加了橙皮果酱和橙皮。将橙皮果酱放入杯子的底部，一边饮用一边搅拌，使得味道不会单调而是富有变化。

搅拌下方的橙皮果酱使味道产生变化

准备的食材
● 滴滤萃取完成的咖啡
● 橙皮果酱
● 奶泡
● 橙子皮

1 除了咖啡，准备好橙皮果酱等

2 在杯子里放入橙皮果酱

3 从上方倒入奶泡

4 倒入咖啡，放上橙子皮

能在花式配方中使用的材料多种多样

如何添加甜味和香味，会使得花式配方的方向大相径庭。在此，介绍具有特征性的配方。

近年来逐渐增加售卖马洛基诺的店铺，它是用巧克力糖浆来添加甜味的浓缩咖啡，并将奶泡和可可粉浮在咖啡表面的做法。享受巧克力和浓缩咖啡的搭配。使用拨片在可可粉上画画的话，还可以展现出时尚感。顺便说一下，马洛基诺在意大利语中是

"摩洛哥风"的意思。

将橙皮果酱和卡布奇诺结合的咖啡被称作"橙子卡布奇诺"，将酸味、甜味，还有橙子的香味添加到咖啡中，是换了种风格的食谱。只用橙皮果酱添加甜味的话，整体的印象会容易显得过于浓烈，撒上橙子皮的话，皮的苦味会成为点缀，能够一直享受美味到最后。相似的食谱还有用草莓果酱和草莓干来代替橙子的草莓卡布奇诺。

用少量的酒精来添加香味，这种手法在花式配方中也是固定

巴西风咖啡/罗威亚尔咖啡

加热使得酒精含量略微下降，而香味变浓
甜度温暖的巴西风咖啡

不让咖啡和牛奶沸腾是秘诀

将咖啡和牛奶倒入锅里加热，使牛奶染上香味。不让其沸腾，缓慢加热至稍微冒点儿热气的程度是重点。朗姆酒只需要加入极少许，就能增添香味。

通过添加巧克力来调节
并制作自己喜欢的甜度

准备的食材
- 滴滤萃取完成的咖啡
- 牛奶
- 朗姆酒
- 巧克力屑

1 将牛奶倒入锅里加热

2 在牛奶中加入咖啡

3 冒热气了之后关火倒入杯子里

4 加入朗姆酒，添加巧克力

如果有专门挂在杯子上的罗威亚尔汤匙的话就更好
不仅用白兰地温暖身体

火焰的演出也很令人愉快的罗威亚尔咖啡

想要外观美丽的话就选这个配方

在汤匙的上方，蓝色火焰渲染了梦幻般的氛围

罗威亚尔汤匙前端有着可以挂在杯子上的凸起。将方糖放在汤匙上，然后在上方倒入少量的白兰地。将白兰地点燃。方糖溶化之后，放入咖啡里，完成制作。白兰地的味道和香气恰到好处地转移到了咖啡里。想要享受蓝色火焰的话，将房间布置得昏暗些比较好。

如果换成酒精度较高的伏特加的话，火焰会更容易点燃

咖啡厨房学园园长
富田佐奈荣

将房间弄得昏暗，观赏晃动的火焰

准备的食材
- 滴滤萃取完的咖啡（深度烘焙）
- 白兰地
- 方糖

1 选择深度烘焙的滴滤咖啡

2 将深度烘焙的咖啡倒入杯子里

3 将方糖放在汤匙上，倒入白兰地

4 将白兰地点燃

5 等方糖溶化之后，放入杯子里搅拌混合

搭配。在搭配热咖啡的情况下，酒精基本都飘走了，只剩下香味，即使是不太会喝酒的人，也能安心享受。

巴西风咖啡的重点在于，用锅将咖啡和牛奶加热，产生能使身体由内而外温暖的朴素味道。由甘蔗制成的朗姆酒的甜香，十分适合柔和的味道。据说在咖啡生产量位列世界第一的产地巴西，在冲泡的浓咖啡中加大量的砂糖饮用是很流行的方式。

用白兰地来添加香味的罗威亚尔咖啡，重点是将方糖和白兰地一起点燃，使得酒精含量挥发。此时，可以享受梦幻的蓝色火焰。这种花式配方也作为一种鸡尾酒，比起咖啡馆，在酒吧更为常见。由于演出很棒，请一定要把房间布置得昏暗一些，再尝试一次，应该可以在家享受到仿佛去了时尚的酒吧般的氛围。也有先在杯子里放入方糖和白兰地点燃，再放入咖啡、打发的奶油、巧克力的做法，叫作"卢德斯海默咖啡"。

爱尔兰咖啡/酒焰咖啡

威士忌一定要用爱尔兰产的
没有突出的味道，容易入口，可以温暖身体的爱尔兰咖啡

加入温热的咖啡
以衬托出威士忌的香味

将爱尔兰威士忌用2～3倍量的咖啡兑成的热鸡尾酒。通过加热可以享受爱尔兰威士忌芳醇的香气。并且，不要使用带有特殊香气的苏格兰威士忌，而是使用香味温和的爱尔兰产的威士忌。

> 因为和生奶油一起，会变得容易饮用

> 想要用多种爱尔兰威士忌进行尝试

准备的食材
● 滴滤萃取完成的咖啡
● 白粗砂糖
● 爱尔兰威士忌
● 打发的奶油

将咖啡进行滴滤萃取

咖啡厨房学园园长
富田佐奈荣

将白粗砂糖倒入温热的杯子里

倒入爱尔兰威士忌

倒入温热的咖啡

将打发至六分的奶油放在咖啡表面

打发的生奶油也可以

创新爱尔兰咖啡
享受外观和香气！

在爱尔兰威士忌上稍微花点儿工夫，就能进一步享受创新的快乐

直接使用高质量的威士忌的话，就能制作出不错的爱尔兰咖啡，但如果在威士忌上稍微花点儿工夫再次创新的话，就能获得进一步的享受。通过酒焰法尝试展现出美丽的外观。

> 火焰向下倒入杯中！

威士忌酒焰法1

将放入锅里加热之后的爱尔兰威士忌再点燃的话，会散发柔和的香气。直接将火焰向下倒入杯中的话，娱乐性也很出众！

> 进一步衬托出咖啡的香气

威士忌酒焰法2

除了爱尔兰威士忌，在锅里还可以放入橘子或葡萄柚等，用小火慢慢加热之后，会飘散出柑橘类的清新的香味。

> 爱尔兰威士忌使用Jameson的话，还能享受芳醇的香气

咖啡厨房学园园长
富田佐奈荣

能看见牛奶和咖啡的分层，外观也很赏心悦目

倒入透明玻璃杯中的咖啡，能从侧边看到内部的分层。活用这个特点，制作出牛奶或奶油和咖啡分层的花式配方。在饮用咖啡的同时，还能享受玻璃杯中逐渐变化的咖啡。

爱尔兰咖啡温热且美味。将爱尔兰威士忌用咖啡兑成一种热鸡尾酒，其带有爱尔兰威士忌特有的芳醇，并且，没有什么个性的香气和咖啡完美相配。带有浓烈泥煤香的苏格兰威士忌等不适合

这种做法。威士忌一定要使用爱尔兰生产的。顺便说，爱尔兰威士忌之中，也有强烈个性的类型，可以根据自己的喜好进行选择。Jameson等威士忌，没有独特个性并且带有轻微的香气，是可以推荐给新手的品种。

在玻璃杯的顶部轻轻放入打发至六分的奶油的话，可以制作出分成两层的美丽的爱尔兰咖啡。通过用打发的奶油进行装饰点缀，比起一般的配方更加温和，即使是不擅长喝酒的人也可以容易饮用。

冰牛奶咖啡/冰卡布奇诺

牛奶和咖啡分为两层的话很漂亮
咖啡的味道不浓,可以畅饮的冰牛奶咖啡

底部放入细碎的冰块,顶部放大块的冰块,咖啡容易接触到冰块

和热的不同,改变倒入玻璃杯中食材的顺序是窍门

直接喝冰牛奶咖啡的话,第一口的咖啡味会很浓。先在玻璃杯里倒入牛奶,才会口感柔和,还能够咕嘟咕嘟畅饮。牛奶咖啡颜色分为两层,外观也很好看。

准备的食材
- 滴滤萃取完的咖啡(深度烘焙或者是冰咖啡用咖啡)
- 冰块
- 牛奶

1 准备好冷却的深度烘焙咖啡或者是冰咖啡用咖啡

2 在玻璃杯中倒入牛奶和冰块

3 将冰咖啡一边接触冰块一边慢慢倒入

4 搅拌混合饮用,会形成更加圆润的口感

窍门是按照牛奶、冰块、奶泡的顺序放入,
夹杂着咖啡的三层美丽外观,
浓厚且香味丰富的冰卡布奇诺

冰卡布奇诺分成三层倒入,做得像甜品或蛋糕一样

由于用牛奶、浓缩咖啡、奶泡可以制作出漂亮的三层分层,冰卡布奇诺一定要用玻璃制的玻璃杯来盛装。将比重较重的牛奶先倒入玻璃杯中。如果想饮用更冰的冰卡布奇诺的话,建议使用在常温下也能起泡的奶精来制作奶泡。

准备的食材
- 浓缩咖啡
- 冰块
- 牛奶
- 奶泡

奶泡上面也可以撒上肉桂粉或可可粉等

咖啡厨房学园园长
富田佐奈荣

追加香味糖浆的话,能享受不同的口味和香气

1 准备好浓缩咖啡和牛奶等

2 在玻璃杯中倒入牛奶

3 在玻璃杯中放入冰块

4 放入奶泡

5 轻轻倒入浓缩咖啡

制作冰牛奶咖啡的窍门是将牛奶先倒入玻璃杯中。由于制作冰饮会放入冰块,所以它比热饮更难混合,并且,用于使用吸管,会变成从玻璃杯的最底部开始饮用。因此,如果咖啡在玻璃杯的底部的话,第一口喝到的咖啡味道会容易过于浓。此外,最好放在底部的冰块比较细碎,在上方的冰块较大。因为咖啡接触冰块,会快速冷却,而大块的冰块在上方的话,冷却会比较容易。掌握这些要点的话,就可以漂亮地制作出分为两层的冰牛奶咖啡。一边享受味道的变化一边饮用也可以,将整体混合成均匀的味道大口饮用也不错。

冰卡布奇诺的制作也是一样,在放入牛奶和奶泡之后再倒入卡布奇诺的话,就能漂亮地做出分为三层的冰卡布奇诺。在浓缩咖啡中追加香味糖浆,或者在奶泡上撒些肉桂粉或可可粉,可以享受更多的创新。

不管哪个配方,只要按照倒入玻璃杯的顺序来制作的话,就会出乎意料的简单,请一定要尝试挑战一下。

奶昔咖啡/冰淡咖啡

用莓果系的酱汁添加酸味的话，能够享受到不同的风味
咖啡风味的香草冰激凌，作为夏日甜品的奶昔咖啡

用冷冻室制作！
创新、丰富却简便的奶昔咖啡

香草冰激凌的花式配方。将在冷冻室冷冻的冰咖啡和热咖啡混合，再混入柔软至能用吸管直接喝的香草冰激凌，没有特别的工具也能制作奶昔。在冰咖啡中添加风味，或者加入甜甜的酱汁进行享用等，根据不同的方法享受各种各样的味道。

将洋酒倒入冰咖啡中冷冻的话更添风味

冰激凌咖啡般的风味

咖啡厨房学园园长
富田佐奈荣

准备的食材
- 冰咖啡
- 香草冰激凌
- 巧克力酱
- 冰块

1 事先萃取冰咖啡

2 用托盘先将冰咖啡冷冻

3 将托盘中的冰咖啡打碎备用

4 将香草冰激凌搅拌柔软

5 将冰激凌转移到玻璃杯中，放上弄碎的冰咖啡

在Paul Bassett也能喝到的夏日推荐饮品
浓缩咖啡变得容易入口，
也能享受香味的冰淡咖啡

饭后饮用顿感清爽，心情也会变好

可以直接享受咖啡豆本来的风味和口感

冰淡咖啡是具有人气的咖啡店Paul Bassett所提倡的新型冰咖啡。将冲泡的较浓的浓缩咖啡直接用冰水冲兑，虽然它比较淡，却有着不输给充分冲泡的浓缩咖啡的味道，保留着咖啡豆本来的风味。

准备的食材
- 较浓的浓缩咖啡
- 冰块
- 水

1 将120毫升纯净水事先冷却

2 倒入40毫升较浓的浓缩咖啡

3 轻轻搅拌均匀

Paul Bassett
角绘美子

不加入牛奶和砂糖等，直接喝的话，更能享受咖啡豆的风味

虽然简单，
也可以有很多种创新
咖啡的新魅力

咖啡不仅可以直接饮用，还有可以用其他食材来衬托味道的作用。特别是，它的苦味和香味与甜的东西很搭配。在此介绍将咖啡运用到甜品中的配方。

其中和咖啡搭配特别好的是简单的香草冰激凌。它们彼此搭配起来能互相衬托对方的美味。冰冻的冰咖啡和柔软的香草冰激凌混合，就制作成了奶昔咖啡，可以享受像冰激凌咖啡或者汉堡店的奶昔般的感觉。在上方放点水果，或者浇上莓果系的酱汁，就又能作为味道不同的甜点来享受。

浓缩咖啡直接放入香草冰激凌也是简单又美味的甜品。这在人气咖啡专门店的丸山咖啡也是具有人气的饮品。浓缩咖啡具有醇度的苦味，能衬托出香草冰激凌的甜美。无论哪种做法，都可以在自家简单地进行尝试，请一定要挑战一下。

蜂蜜咖啡/咖啡冰激凌

改变蜂蜜的种类 做各种各样的尝试吧！
不用砂糖而改用蜂蜜，让普通的咖啡变成不同的味道

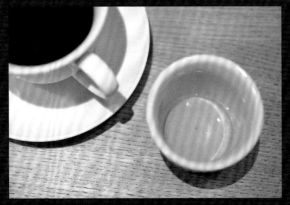

比起砂糖和糖浆更复杂的味道

蜂蜜比起砂糖或糖浆在味道和香气上的成分更加丰富。和咖啡的搭配出人意料的好，只需要代替砂糖放入品尝饮用的咖啡中，就会变成完全不同的味道。比起冰咖啡，热咖啡更能展现蜂蜜的香味，从而衬托出咖啡的香气，十分推荐。寻找和咖啡相搭配的蜂蜜，做各种各样的尝试也很有意思。

衬托出咖啡的香味，是我喜欢的创新

加牛奶也可以

准备的食材
- ●萃取完的滴滤咖啡
- ●蜂蜜

1 在咖啡中倒入蜂蜜

2 混合搅拌后饮用

丸山咖啡
中山吉伸

尝试丸山咖啡的人气甜品吧！
浇上浓缩咖啡的甜品就是咖啡冰激凌

浓缩咖啡的浓郁味道衬托出香草冰激凌的甜美

咖啡冰激凌是在具有人气的咖啡专门店丸山咖啡中作为固定提供的人气甜品。浓缩咖啡的苦味、酸味、醇度和香气与香草冰激凌的甜味完美搭配。

请享受咖啡的风味和冰激凌甜度的对比与交融

简单又绝妙的甜品

准备的食材
- ●浓缩咖啡
- ●香草冰激凌

1 将浓缩咖啡浇在香草冰激凌上

2 趁着没融化的时候食用

丸山咖啡
中山吉伸

此外，还有不用技巧或者特别的工具等，就能轻易制作的花式配方，接下来继续介绍。

冰淡咖啡是人气浓缩咖啡店 Paul Bassett 推荐的新型冰咖啡。将冲泡得较浓的浓缩咖啡，用三倍的冷水兑制，从而做成冰咖啡。味道较浓的浓缩咖啡，变成了能够痛快饮用的浓度，由此能充分享受香气和风味。不放入牛奶或砂糖，就这样直接在饭后饮用的话，能够不油腻地结束这一餐。

荐的花式配方可以说十分优秀。那就是在热咖啡里加蜂蜜。和砂糖或者糖浆不同，市面上有多种风味的蜂蜜，只需要改变其种类，就可以给咖啡的味道带来各种各样的变化。也可以用家庭中常用的蜂蜜，轻易扩展咖啡的乐趣。

说起夏天炎热的时候的咖啡甜点，将香草冰激凌放在咖啡上的冰激凌咖啡很有名，稍微花点儿工夫，享受高级的甜点吧！

适合初学者的拿铁拉花（COBI COFFEE）

具有光泽的细小泡沫的牛奶对于拿铁拉花来说必不可少！

奶泡的制作方法（商用）

在家制作的时候一边参考窍门，尝试挑战口感好的奶泡吧！

商用浓缩咖啡机的蒸汽，比家庭用的功率强3～4倍。制作奶泡的话，商用的会比较快，并且不含有多余的空气，会做成口感更好的奶泡。窍门是先将蒸汽喷嘴的前端稍微抬起一点儿来制造泡沫，再将前端完全沉入牛奶中，用对流将泡沫打碎，如此反复几次。空气含量可以通过各种手段调节，空气含量1.1～1.2倍的话适合拿铁咖啡用，空气含量约1.4倍的话则适合卡布奇诺用。

准备奶泡杯

不要湿淋淋的

1 稍微空转一会儿

将蒸汽喷嘴空转一会儿，使其内部没有牛奶的残留。

击碎打出的泡

3 放入其中产生对流

将蒸汽喷嘴的前端放入牛奶中产生对流，将之前产生的泡沫打碎。

制作泡沫

2 将前端从牛奶中稍微抬起

将蒸汽喷嘴的前端，从放入牛奶的水壶中稍微抬起吹入空气。

除去残留的牛奶

4 完成后进行空转

完成奶泡的制作之后，将蒸汽喷嘴空转一会儿，除去牛奶。

用家庭用的奶精也可以简单制作！

谁都能简单使用

Barista&Co 牛奶打泡器

实际价格：4380日元
（约人民币276元）

只需要在放入牛奶之后，将手柄上下移动，谁都能简单地制作奶泡

法式滤压壶般的设计，手柄的筛网部分是两层构造。将手柄上下移动几次，使空气进入，制作奶泡。手柄的操作轻便顺滑，使用起来心情舒畅，也可以用冰牛奶，十分便利。

只需要将手柄上下移动

放入牛奶之后只需要上下移动，就可以简单地制作出柔软的奶泡

极细的泡沫制作完成

极细的泡沫就完成了。泡沫可以维持很长时间且不会消失。

从饮用前开始就可以享受的美丽拉花

在向装有浓缩咖啡的杯子里倒入用拉花缸装着的奶泡的时候，操纵着奶泡的流向，在咖啡表面绘画就是拿铁拉花。主题图案一般有爱心、树叶、郁金香等。由于人们对于艺术表现的人气高涨，浓缩咖啡专家们开始了拿铁拉花的竞技大会。

位于东京南青山的COBI COFFEE AOYAMA也有贩售拉花的拿铁和卡布奇诺，我们向品牌经理川尻大辅请教了初学者也可

以简单模仿的拿铁拉花的做法。

要点是，首先制作极细口感的、顺滑的奶泡。家庭用的手工制作打泡器或低价的浓缩咖啡机附带的蒸汽喷头都没有商用的那么强劲，需要事先练习多次才能制作。当然，也不要忘记准备具有充分浓厚口味的浓缩咖啡。冲泡的时候，拉花的大小取决于倒入奶泡的势头，因此需要胆大心细。充分练习之后给朋友制作咖啡拉花吧！等到能够制作爱心拉花之后，也可以尝试郁金香等图案。

拉花的基本制作方法

理解了使泡沫融合或使杯子倾斜等要点之后，只需要勤加练习！

窍门是在制作奶泡的时候将泡沫稍加搅拌，将大的泡泡弄破，使其呈现出光泽感。将边缘的大泡泡少量除去之后，开始绘画拉花。要点是将倒有浓缩咖啡的杯子稍加倾斜，该使劲的时候就要充分使劲。进行多次印象训练和练习之后，一定能画出漂亮的爱心图案！

花蕾很美丽的
"郁金香"

推荐给初学者的
"爱心"

很简单，适合初学者，但是不事先掌握好力度或斜度、手的动作等的话，就会很难。

刚开始画个小圆，将咖啡第二次、第三次倒入小圆中，然后在周围画出叶子的图案。

改变移动方法的话，叶子就会增加

奶泡的纹路上浮以后将杯子轻轻左右摇晃，细细的叶子纹路就会增加。

20～35毫升

要点是要事先将奶泡中的大泡泡弄破

GOBI COFFEE
川尻大辅

1　制作浓缩咖啡

用浓缩咖啡机制作20～30毫升的浓缩咖啡。将咖啡倒入杯子里以后，准备好奶泡。

决定倒入的位置

2　将杯子倾斜，制作较深的位置

将杯子倾斜约45度，最初朝着杯内最深的位置倒入奶泡。

慎重操作

4　一边移动位置一边融合

一边移动倒入奶泡的位置，一边融合。慢慢地奶泡会变多。

奶泡要绵密

6　将圆用一条直线横向切开

画出如叶子般的形状之后，将奶泡从上方向下呈一条直线拉出。

倒在浓缩咖啡的下方

3　稍微用力倒入

一边稍微用力，一边向液体较深的部分倒入奶泡。要领是体会奶泡埋在浓缩咖啡下面的感觉。

奶泡浮起

5　将拉花缸靠近杯子

将拉花缸靠近杯子然后轻微左右摇晃，反向画出叶子般的纹路。

完成拉花！

7　拿开拉花缸

图案的上部向内侧轻微凹陷，呈现出漂亮的心形。将拉花缸快速拿开，注意不要洒落。

适合初学者的拿铁拉花（Paul Bassett）

会制作爱心了之后，尝试挑战高级篇的花纹吧！

拿铁拉花的基本制作方法（羽翼郁金香）

平滑度很重要

1 制作奶泡

制作平滑的奶泡。趁着做出的奶泡还没消失的时候，马上着手制作拉花。

制作羽翼的纹路

4 中央倒入

将注口前进至中央部分，外侧的纹路会慢慢向杯子中央扩散。暂时停止倒入，将拉花缸抬起。

向前方流去

6 直接切断般倒入

将拉花缸直接向前延伸，制作花茎的部分。顶端制作成心形的形状，下方的叶子也扩散开来。

杯子45度倾斜

2 从杯子中央倒入

将杯子约45度倾斜放置，在浓缩咖啡最深的中央部分倒入奶泡。

感觉在液体上方

5 制作顶上的爱心

从手侧开始按压般倒入，使得羽翼的纹路扩散。接下来再次倒入同样的部分，制作爱心。

不要使其溢出

7 制作了花茎之后拿开

拉花缸一直到了最下面之后，马上停止倒入并拿开拉花缸。力度很重要，注意奶泡不要从杯子里溢出来。

制作外侧的羽翼

3 将拉花缸横向摇晃

将拉花缸的注口贴近液面，产生对流之后，缓慢地以一定的频率左右摇晃。

要点是不停止奶泡的对流

Paul Bassett
角绘美子

左右呈U形扩散

逐渐掌握拉花缸的移动方法

　　拿铁拉花只靠拉花缸倒入的奶泡来描绘花纹，有羽翼郁金香、树叶、双爱心、火凤凰等多样的种类，并且逐渐思考新的纹路也是乐趣之一。

　　据Paul Bassett的角女士介绍，制作左右对称的图案的话，口味也会变得更均衡。制作平滑的62℃～65℃的温热的奶泡，然后马上开始制作图案，产生对流了之后倒入，掌握了这些要点之后开始尝试练习吧！

8 拿铁拉花制作完成

最外侧数层的纹路向左右呈U形扩散。在内侧画巨大的叶子和爱心形的花蕾。

拿铁拉花的基本制作方法（树叶）

将拉花缸靠近

1 将杯子倾斜，倒入奶泡

将装有浓缩咖啡的杯子呈约45度角倾斜，对着最深的中央部分倒入奶泡。

花纹摇动

4 将拉花缸左右摇晃

奶泡的纹路浮现之后，马上将拉花缸左右轻轻摇晃。

逆向制作的形状

7 拿开拉花缸

拉花缸到达内侧的边缘之后，停止注入奶泡，轻轻地拿开拉花缸。

将整体融合

2 从液面的中央注入

注入奶泡的时候，注意不要停止对流，将咖啡和奶泡进行融合。

将咖啡杯的倾斜复原

5 将拉花缸拉至身侧

一边将杯子的倾斜复原，一边把拉花缸向手侧拉伸。描绘出波纹般的图案。

窍门是沉着制作

8 完成拿铁拉花

完成带有数片叶子、茎和蓓蕾的拉花。改变各部分的大小或者位置，可以有许多的创新。

花纹浮现在表面

3 从低的位置开始左右摇晃

将拉花缸慢慢移动到浅的位置，奶泡的纹路就会逐渐上浮。

制作花茎的部分

6 从手侧开始向内注入

拉花缸到达杯子的边缘以后，仿佛要将浮现的纹路从中间切开般，逐渐向内侧注入。

家庭也能超简单制作的拿铁拉花

即使没有商用的浓缩咖啡机或蒸汽喷嘴，没有拿铁拉花的高度技术，也没关系。只要有家用的浓缩咖啡机或拿铁拉花的模板，亲子也可以愉快地制作。

模型是用纸板制作的，亲子一起制作也可以

咖啡厨房学园园长
富田佐奈荣

用家用的机器和模型快乐制作！

德龙全自动咖啡机
ESAM 03110S

实际价格：46248日元
（约人民币2918元）

带有打泡器

可以同时萃取2杯，只需要转动把手，操作也很简单，可以调节咖啡的浓度。

1

手作也可以

准备拿铁拉花用的模板

自制模板或在市场购买。

3

少量均等

撒上可可粉

从上方轻轻地、均等地撒上可可粉。

2

不要浸泡在液面上

安装在杯子上

模板不要碰到奶泡，放在稍微上边的位置。

4

微笑图案令人愉悦

完成拿铁拉花！

将模板卸下，呈现出可爱的微笑图案。

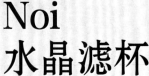
KEY COFFEE

Noi
水晶滤杯

价格：594日元（约人民币37元）
规格：
圆锥形
单孔
制作1～4杯

钻石切面的外观也很美丽

适合
初学者

萃取均匀的味道

充分提取出咖啡的醇度

落至圆锥形的滤杯中心的热水均匀地向咖啡粉整体扩散。由此再通过使用全部咖啡粉的滴滤方式来提取醇度。

约150倍的强度

耐冲击、耐磨损，可长时间使用

采用了约150倍强度的树脂制成的滤杯，即使掉落或者撞击也不容易受损。

钻石切面不仅是外观美丽

以"只是为了滴滤好喝的咖啡"为概念设计的Noi系列水晶滤杯。独特的切割纹路被称作钻石切面，开始滴滤的时候，咖啡沿着这个切面落下，以最适合的速度来进行萃取。此外，由钻石切面的顶点，滤杯和滤纸以均等的状态接触，不容易产生不均匀萃取。即使初学者也能冲泡出好喝的咖啡。

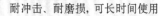

HARIO

V60渗透滤杯02
透明

价格：486日元
（约人民币31元）
规格：
圆锥形
单孔
制作1～4杯

专家
也爱用

因为有螺纹所以萃取很平稳

充分萃取出咖啡的成分和味道的形状

将热水倒入圆锥形的滤杯中，可以形成较深的咖啡层，咖啡和热水接触的时间也会变长。因此，它能够充分萃取出咖啡的成分，享受咖啡本来的味道。

梅丽塔

芳香滤杯
AF-M1X2

价格：605日元
（约人民币38元）
规格：
梯形
单孔
制作2～4杯

提取芳香重点是孔的位置

适合
初学者

略微的区别极大地改变了咖啡的味道

芳香滤杯比起普通的滤杯而言，孔的位置会略高。因此，它能够萃取浅蒸咖啡，提取出深度的芳香。

卡利塔

102-D

价格：432日元
（约人民币27元）
规格：
梯形
三孔
制作2～4杯

以较快速度萃取完成没有杂味的咖啡

适合
熟练者

在产生杂味之前，用三孔进行滴滤

和单孔的滤杯比起来，三孔的卡利塔式的滤杯在倒入热水时会更快地落下，能在产生杂味之前只萃取出美味。轻便且操作简单也是其具有人气的理由。

便利的咖啡工具

因为螺纹清晰
所以萃取顺畅

咖啡的基础知识
078
COFFEE BASICS

塑料制滤杯

滤杯有着丰富的种类
也可以持有数个滤杯

滤杯中也有范围较大的形状、设计等，并且滤杯还有很多不同的制造商，最常见的是塑料滤杯。塑料制滤杯的特征，不管怎么说都是轻便。和陶瓷制或者金属制的滤杯比起来，塑料制滤杯可以用很轻

梅丽塔

咖啡滤杯
SF-M 1X2

价格：605日元
（约人民币38元）
规格：
梯形
单孔
制作2～4杯

适合
初学者

带有刻度，适当的量，能够冲泡出

控制正确的萃取速度和热水量

想要基于流体力学以达到理想的萃取速度而设计出的滤杯，只要咖啡粉的数量和热水的温度是一定的，就能冲泡出不论何时口味都相同的咖啡。

Kinto

SLOW COFFEE STYLE 手冲咖啡滤杯
4cups 透明灰色

价格：648日元
（约人民币41元）
规格：
圆锥形
单孔
制作4杯

适合
熟练者

因为简单，不论哪个咖啡壶都可以搭配适用

可以根据喜好选择滤纸或者不锈钢滤网

令人欣喜的是Kinto的滤杯能够选择过滤器的材质。如果用滤纸的话，可以制作成口感温和的咖啡，使用不锈钢滤网的话，可以制作出能直接感受到芳香的咖啡。

Bonmac

扇形咖啡滤杯
CD-2DX

价格：475日元
（约人民币30元）
规格：
梯形
三孔
制作2～4杯

简约设计

适合
熟练者

酷酷的外形
踏实的使用感

带有一定弧度的四角般的独特设计。结合亚光的质感，室内装饰性也很高。内侧有细致的螺纹，可以平稳地进行萃取。

KALDI COFFEE FARM

KALDI COFFEE FARM
原创咖啡滤杯

价格：308日元
（约人民币20元）
规格：
梯形
三孔
制作2～5杯

引人注目 巨大的logo

适合
熟练者

塑料制中透露着罕见的高级感的黑色

以咖啡和进口食品闻名的KALDI的原创滤杯。轻便、便于使用的塑料制加上罕见的黑色，即使长时间使用也不容易产生着色污垢等问题。

卡利塔

简易滤杯

价格：594日元
（约人民币37元）
规格：
梯形
三孔
制作1杯

放在马克杯上开始滴滤

适合
初学者

不论何时都能轻松滴滤一人份的咖啡

可以直接放在喜欢的马克杯或者咖啡壶上使用的滤杯。能够冲泡出满意的咖啡，对于独居或者在职场使用也很方便。

MUNIEQ

Tetra 挂耳01P

价格：1080日元
（约人民币68元）
规格：
圆锥形
单孔
制作1～1.5杯

不论何时何地都能喝咖啡

适合
熟练者

小型轻便 并且时尚！

便携性和安全性突出，并且兼顾美味的滤杯。使用的时候，只需要组合三片板子，就可以完成滤杯。

比乐蒂

POUR OVER 4 CUPS
黑色

价格：1080日元
（约人民币68元）
规格：
梯形
单孔
制作4杯

比乐蒂的滤杯登场！

适合
初学者

摩登的八角形和把手，以蒸压壶为中心

直火式浓缩咖啡机制造商比乐蒂以摩卡壶为思想设计的滤杯。没有多余的装饰，杯子上画着一位大叔形象的logo，给人留下深刻印象。

八幡化成株式会社

小船坞滴滤
咖啡滤杯&过滤器支架

价格：1944日元
（约人民币123元）
规格：
梯形
三孔
制作2～4杯

作为室内装饰 帆船的形状也可以

作为礼品

滤杯和过滤器可以一起收纳

帆船的部分是滤杯，帆的部分是过滤器收纳，这个工具包含着闪闪发光的创意。使用完毕之后，重叠收纳起来的话，还可以作为装饰品。

卡利塔

双重滤杯

价格：864日元
（约人民币55元）
规格：
梯形
三孔

直接手拿也可以 不容易变热，

适合
熟练者

因为是双重构造，所以能呈现出清爽的形式

该滤杯的特点是没有把手的曲线状杯身。二重构造的杯身不容易变形，即使没有把手也可以直接用手拿滤杯。

松的价格购入。根据滤杯形状、萃取孔的数量、螺纹的不同，即使同样的咖啡也会产生味道的差异。因此，尝试多种类，找到能够冲泡出符合自己口味的滤杯是很重要的。这样一来，能轻松购入的塑料滤杯的存在必不可少。当然，对于享受滤杯独特的味道的差异，或者想要结合系列区分使用而持有数个滤杯的人而言，塑料滤杯是很重要的存在。对于想要从此开始手工滴滤的初学者，推荐首先从塑料制的滤杯中选择。

塑料制滤杯还有个特点是螺纹比较清晰。即使是同个制造商、同个系列的滤杯，和陶瓷制的比起来，塑料制的滤杯的螺纹会更加清晰。这是由于材料的性质等的差异造成的，因为螺纹有着调节热水流向的作用，各大制造商都在研究并设计螺纹的形状，以冲泡出美味的咖啡。螺纹清晰的塑料制滤杯，能够更平稳地进行萃取。纹路的多样性也是塑料制品特有的，可以结合室内装饰选择滤杯。

梅丽塔

陶瓷滤杯 SF-T 1X1

适合初学者

价格：1080日元（约人民币68元）
规格：
梯形
单孔
制作1～2杯

> 保养也很简单，
> 让人想要
> 长期使用

合理的形状

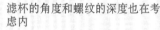

初学者也可以冲泡出好喝的咖啡

可以感受到陶瓷制品特有的温热感和高级感的滤杯。梅丽塔式的滤杯只有一个萃取孔，能够自动调整萃取咖啡时的速度来制作美味的咖啡。咖啡粉蒸好后，一次倒入必要的热水量，之后滤杯就会以最佳的速度萃取出好喝的咖啡。初学者也容易冲泡出美味的咖啡。

滤杯的角度和螺纹的深度也在考虑内

为了达到能够萃取出好喝的咖啡的速度，滤杯的角度和螺纹的深度等，所有都考虑在内之后，才成就了这个滤杯。

HARIO

V60渗透滤杯02 陶瓷W

世界公认的优秀滤杯！

价格：2052日元
（约人民币129元）
规格：
圆锥形
单孔
制作1～4杯

专家也使用

通过倒入热水的速度制作自己喜欢的味道

HARIO的滤杯有着一个大大的单孔萃取孔，缓慢倒入热水的话可以做成深厚的口感，快速倒入热水的话，可以做成爽口的口感，如此可以调节。

Bonmac

V型瓷器滤杯 VCD-2W

不论哪种器具都能适配

价格：1728日元
（约人民币109元）
规格：
圆锥形
单孔
制作1～4杯

专家也使用

经常作为商用 结实且容易使用

结实且保养简单的美浓烧滤杯。一个大孔将倒入的热水没过全部的咖啡，使得均匀萃取成为可能。能够根据倒入热水的速度改变咖啡的味道。

ZERO JAPAN

咖啡滤杯 L

也能放在杯子里确认量

价格：1620日元
（约人民币102元）
规格：
梯形
二孔
制作1～4杯

专家也使用

全美冠军也使用的正宗派的滤杯

手冲咖啡竞技大会中获得全美冠军的人使用的滤杯。秉承"看、碰、使用、感觉很好"的理念，其使用便利度为世界基准。

便利的咖啡工具

想要长期使用的话
选择不易变质的陶瓷制

咖啡的基础知识
079
COFFEE BASICS

陶瓷制滤杯

使用时需要注意，但是可以长期持续使用

陶瓷制滤杯的魅力在于设计性很强，也容易融入室内装饰。重视陶瓷独有的质感和重量感，从而选择陶瓷制滤杯的人很多。但是，陶瓷制滤杯的注意点也很多。首先，由于热传导性交叉，使用前必须要

BARISTA&CO
Drip Coffee Filter with Base

价格：4536日元
（约人民币285元）
规格：
梯形
两孔
制作1～2杯

适合初学者

从刻痕确认萃取量

萃取后能放滤杯的茶托，意外地方便

因为有茶托，不用担心放置滤杯的场所，可以马上享受咖啡。因为有刻痕，不用放在马克杯中也可以确认萃取量。

Kinto
SLOW COFFEE STYLE SPECIALTY 01 陶瓷 2cups 黑色

价格：2160日元
（约人民币136元）
规格：
圆锥形
单孔
制作2杯

古董般的釉药的质感

适合熟练者

日本的职人技术创造的上等滤杯

Kinto和鹿儿岛的陶艺家城户雄介合作出品的滤杯。釉药使用铁彩，故有种矿物般的质感，好像使用了数年一样。

卡利塔
102-白色

价格：1080日元
（约人民币68元）
规格：
梯形
三孔
制作2～4杯

柔和的颜色

适合熟练者

三孔和纵向的螺纹制成清爽口味的咖啡

滤杯内侧有着直线的螺纹和三孔的萃取孔，从而实现快速萃取。口味虽然比较淡，但是能充分感受到咖啡的美味。

RIVERS
COFFEE DRIPPER CAVE&POND SET

价格：3780日元
（约人民币238元）
规格：
圆锥形
单孔
制作1～4杯

越会流连越持续使用

适合熟练者

简约的结构无论何时都不会厌倦

将釉药和黏土糅合烧制而成的陶瓷制咖啡滤杯，仿佛是一件艺术品。顺着滤杯的倾斜角度可以提取出咖啡豆的美味。

Kinto
OCT 陶瓷 4cups 白色

价格：2160日元
（约人民币136元）
规格：
圆锥形
单孔
制作4杯

摩登又有存在感的设计

适合熟练者

兼备设计感和功能性的滤杯

以八角形为基础构成的OCT系列。鲜明的阴影令人印象深刻，滤杯内部是正圆形，该设计使得滤纸的安装脱离也都很简单。

卡利塔
HA185 滤杯

价格：2376日元
（约人民币149元）
规格：
圆锥形平底
三孔
制作2～4杯

瓷器类型登场！蛋糕滤杯的

适合初学者

轻便且耐久性能突出的波佐见烧滤杯

呈圆锥形，萃取孔底部平坦，这是卡利塔独创的蛋糕滤杯。它有着透明感的美丽白色的波佐见烧，是具有高级感的一品。

CAFEC
有田烧 圆锥花瓣滤杯

价格：2754日元
（约人民币173元）
规格：
圆锥形
单孔
制作2～4杯

螺纹仿佛花瓣，从上面看，

适合熟练者

花瓣形状的螺纹像滤布一样膨胀

滤杯内的花瓣形螺纹，倒入热水的时候会形成空气层，可以在萃取时提取出咖啡豆本来的香味。

Bonmac
扇形咖啡滤杯 CD-2B

价格：907日元
（约人民币57元）
规格：
梯形
单孔
制作2～4杯

因为是单孔式，具有适当的蒸咖啡效果

适合熟练者

从初学者到专家都认可的滤杯

陶瓷制的单孔滤杯保温性能也很好，有着稳定的蒸咖啡的效果。其也有窥视小口，可以一边滴滤一边检查咖啡的量，这个功能很令人愉悦。

---

torch
甜甜圈 咖啡滤杯

价格：2646日元
（约人民币166元）
规格：
圆锥形
单孔
1～3杯用

实力派滤杯！形状可爱的

适合熟练者

三点特色使得咖啡美味

滤杯内倾斜度大、大的萃取孔以及滤杯内杯壁的段差。这三点特色，是以冲泡出美味咖啡为目标而追求的特色。

事先温热。如果冷的时候进行滴滤的话，会降低倒入的热水温度，不能萃取出想要的味道。此外，如果不小心掉落的话会碎掉，或者撞到哪里的话会形成裂纹等，诸如此类的麻烦很多。这样一听好像都是缺点，但是陶瓷制滤杯的优点也很多。关于热传导性很差这点，只要使用前充分温热，温度能保持很长时间，在需要滴滤数次的时候就不需要重新加热，也很便利。沉甸甸的重量，不会因为倒入热水的冲劲而移位，所以使用时能够将热水倒至对准的地方。并且，和塑料制滤杯比起来，它还有不易变色和变形的优点。塑料制滤杯长期使用的话，会染上咖啡的颜色，外观也会有极大的损伤。有些还会在使用的时候，因为受热而发生微妙的变形。陶瓷制滤杯不易变色或变形，能够长期持续使用。在持续使用期间，手感和质感也更好，更让人产生留恋的感觉，这也是陶瓷制滤杯特有的。初学者首先从简单的塑料制滤杯开始，习惯了之后，再挑战陶瓷制滤杯，这是不容易失败的方法。

HARIO
法兰绒滤网咖啡壶
3人用

价格：4320日元（约人民币272元）
规格：
法兰绒部分：棉
制作3～4杯
法兰绒的深度约10厘米

在自家也能简单进行正宗的法兰绒滴滤

适合初学者

木质手柄

用容易拿的手柄，进行集中滴滤

手柄是木质的，容易握，倒入热水的时候也可以牢牢固定在滤壶上。

容易倒入杯子里

刚完成滴滤就能马上倒入杯子里

咖啡壶的瓶颈部分也有木质的外壳。在咖啡刚滴滤完的时候，它不会变热，能够将咖啡马上倒入杯子里。

简单开始法兰绒滴滤的法兰绒和咖啡壶套装

　　带有手柄的法兰绒和尺寸刚好合适的咖啡壶的套装。放入咖啡粉的时候，可以直接将法兰绒放在咖啡壶上进行操作，因此可以有条不紊地进行萃取。法兰绒滴滤能够不损失咖啡的酸味、涩味、苦味、醇度，和用其他滴滤方法冲泡的咖啡在深度和醇度上都是不同的。

小泉硝子制作所
三之轮2丁目法兰绒滤杯

价格：8640日元
（约人民币544元）
规格：
法兰绒部分：棉
制作2杯

玻璃是职人吹制的

作为礼品

老牌玻璃制造商的逸品

　　所有都是职人吹制制作，这个形状饱含了对于使用便利度的考量。它和写着咖啡冲泡方法的书签一起收纳在纸箱内，因此作为礼物也很推荐。

富士咖啡机股份有限公司
NELCCO

价格：39960日元
（约人民币2514元）
规格：
法兰绒部分：棉布
制作2～3杯

适合初学者

没有时间或者初次使用都可以做出好喝的咖啡

从法兰绒的质地到把手的形状都是为了制作美味的咖啡

　　"美美咖啡店"的男老板森光宗监制，手工业设计师大治将典，燕三条的町工厂的职人们花费了大约2年时间开发的NELCCO。不论谁冲泡，都不会摇晃，都能享受美味的法兰绒滴滤咖啡。

卡利塔
手用滤布小号

价格：702日元
（约人民币44元）
规格：
法兰绒部分：棉
制作4～5杯
法兰绒的深度约11厘米

由于是柔软的法兰绒，所以可以制作出圆润又温和的味道

适合熟练者

可以和喜欢的咖啡壶结合使用

　　由于是带把手的法兰绒滤布，可以和喜欢的咖啡壶或水壶等结合使用。把手的部分是不锈钢的，因此不容易变热，保养也很简单，可以享受突出法兰绒滴滤独特的甜味以及温和口感的咖啡。

便利的咖啡工具

将咖啡粉最大限度膨胀的滴滤式元祖滤杯

咖啡的基础知识
080
COFFEE BASICS

法兰绒滤杯

法兰绒在使用时需要特别注意

　　法兰绒滴滤会使倒入热水的方法和速度的变化直接体现在咖啡味道里。被称为"法兰绒"的柔软布制滤袋，在保存时也要用心，是适合熟练者的工具。它能够萃取出含有甜味的油脂，提取出圆润且深邃的味道。

卡利塔

波纹滤杯155

价格：2808日元
（约人民币177元）
规格：
圆锥形平底
三孔
制作1～2杯

适合熟练者

> 专用的滤纸制作出均衡的口感

波纹构造制作出均匀平衡的口感

这个波纹系列是运用了卡利塔特有的技术的滤杯。从形状上和其他滤杯有巨大的差异。它是圆锥形的形状，底部是平的。并且，滤纸也是需要使用专用滤纸（杯子蛋糕纸一样的形状，在侧面有20条褶皱）。由此，滤纸和滤杯的接触面就变少了，咖啡和热水接触时产生的二氧化碳充分溢出，能够进行均匀的萃取。

> 马克杯般的形状

初学者也能将咖啡粉融入热水中

倒入热水的时候，即使多少有点偏差，平坦的滤杯底部也会将热水流至所有咖啡粉。

卡利塔

102-CU

价格：5940日元
（约人民币374元）
规格：
梯形
三孔
制作2～4杯

> 把手部分不会变热 越使用越会产生韵味

适合熟练者

铜制的滤杯

使用热传导率高的铜制滤杯，热水不易冷却，最适合倒入几次热水的手冲滴滤。为了在滴滤之后马上可以拿起，把手上带有隔层。

HARIO

V60金属滤杯 紫铜

价格：6084日元
（约人民币329元）
规格：
圆锥形
单孔
制作1～4杯

> 好像使用多次的冷调配色

适合熟练者

轻便结实的不锈钢在室外也很常用

保养简单，耐久性也很好的不锈钢滤杯。由于很结实，在室外也可以享受滴滤咖啡。热传导率也很好，没有必要用热水进行预热。

eN PRODUCT

聪明杯

价格：2916日元
（约人民币183元）
规格：
圆锥形
单孔
制作1～4杯

> 或者咖啡壶上 可以放在马克杯上

适合熟练者

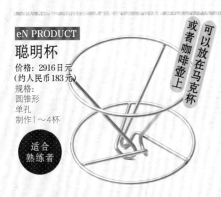

实用性和精美外观两全的滤杯

极简的形状是为了冲泡出一杯美味的咖啡而精心设计的形状。它可以放在任何器具的上方使用，后续保养也很简单，放在厨房里作为装饰也很美。

ILCANA

富士山滤杯

价格：3240日元
（约人民币204元）
规格：
圆锥形
单孔
制作1～4杯

> 倒过来能看见富士山

适合熟练者

钢丝滤杯可以均匀蒸咖啡

以富士山为主题，用钢丝制作成的滤杯。萃取的时候，有很多可供空气或者二氧化碳溢出的缝隙，因此可以均匀地蒸全部咖啡粉，制作美味的咖啡。

GLOCAL STANDARD PRODUCTS

TSUBAME Dripper 4.0/NAVY

价格：4536日元
（约人民币285元）
规格：
圆锥形
单孔
制作1～4杯

> 除去二氧化碳和空气 由于有螺纹，可以适当地

适合熟练者

珐琅加工不会损坏咖啡本来的味道和香气

直接在不容易生锈的不锈钢材料上涂抹珐琅，因此成品特别轻薄。珐琅加工而成的滤杯不容易将金属的味道转移到咖啡里。

便利的咖啡工具

咖啡的基础知识 081 COFFEE BASICS

因为热传导率好，能保持一定的萃取温度

金属制滤杯

热传导性好 耐久性也高

在热传导性高的金属制滤杯中，铜制是热传导性特别好的，并且能够防止咖啡出现杂味，能提取出咖啡豆本来的味道。不锈钢制结实轻巧，不会生锈，耐久性也很好。但是，由于价格较高，要慎重选择。

cera COFFEE

无纸化咖啡滤网

价格： 2160日元
（约人民币136元）
规格：
圆锥形
不锈钢制滤网
制作1～2杯用

适合初学者

双重滤网，充分筛去微粉

网眼大小不同的双重滤网解决了无纸化滤杯的烦恼

双重构造的滤网，内侧的滤网的网眼是0.013毫米，非常的细微。内侧的网眼能充分过滤，从而萃取出清透的咖啡。因为外侧微细滤网（0.4毫米）可以慢慢萃取出美味成分，当然油脂也会被恰到好处地充分萃取，这是无纸化滤网特有的。

超微细网眼

除去杂味，保存热水

可以过滤微粉的细滤网，将倒入的热水恰到好处地留在滤杯内，也可以蒸咖啡粉。

Kinto

CARAT 咖啡滤杯

价格： 3240日元
（约人民币204元）
规格：
圆锥形
不锈钢制滤网
制作1～4杯

不锈钢和玻璃的帅气

适合熟练者

使用了能够持续使用的素材，兼具优美的外观和功能性

使用了高品质不锈钢的滤网和耐热玻璃的外壳组合而成的酷酷的滤杯。0.3毫米的网眼可以完全萃取出油脂。

HARIO

金属滴滤玻璃壶

价格： 5400日元
（约人民币340元）
规格：
圆锥形
不锈钢制滤网
制作1～4杯

时尚的滴滤系列

适合初学者

直接清晰萃取出不锈钢滤网特有的芳香

通过两层重叠的滤网，可以保留不锈钢滤网特有的咖啡油脂，萃取出不输给滤纸滴滤的清澈的咖啡。

Macma

Café Metal

价格： 3240日元
（约人民币204元）
规格：
圆锥形
不锈钢制滤网
制作1～2杯

全不锈钢材质，后续保养也简单

适合熟练者

无纸化滤杯可以反复使用，很经济

不需要准备滤纸的工夫，由于可以反复使用，很经济实惠。附带的专用置架，无须担心滴滤后放置的场所。

HARIO

Café or滤杯02（CFOD 02）黑色

价格： 1728日元
（约人民币109元）
规格：
圆锥形
不锈钢制滤网
制作1～4杯

将零部件拆除，放在洗碗机中也可以

熟练者

萃取出油脂，和滤纸滴滤不同的味道

金属滤网的优点在于可以萃取出美味成分油脂。在滤杯内带有刻度，可以正确地控制对应杯数的咖啡粉数量。

cores

金滤网 C245

价格： 3240日元
（约人民币204元）
规格：
梯形
纯金镀不锈钢制滤网
制作1～4杯

耐久性优越的纯金涂层

适合熟练者

最大限度地提取出咖啡的美味

网眼粗大到微粉会通过，但是可以直接萃取出油脂。纵长的网眼使得热水通过性很好，不容易堵塞。

便利的咖啡工具

网眼的粗细影响萃取速度

咖啡的基础知识
082
COFFEE BASICS

无纸化滤杯

能够直接享受咖啡本来的味道

用金属制网眼等过滤咖啡的滤杯类型。由于不需要滤纸，滴滤之后产生的垃圾只有咖啡渣。使用后需要进行清洗，但是不需要购买滤纸，也省去了折叠滤纸的步骤，这也是让人高兴的地方。滤网和滤纸比起来滤孔会比较大，能够充分萃取出

cores

金滤网双层马克杯 C402

价格： 4320日元
（约人民币272元）
规格：
筒形
不锈钢镀纯金制滤网
制作1杯

适合初学者

> 不管何时都能轻松享受刚冲泡好的咖啡

通过高温短时间萃取来提取出咖啡的风味和特征

有着纯金表面涂层的滤网，能够将化学变化对咖啡味道和香气的影响降到最低。并且，它不易生锈或者变味，很卫生。杯子采用了热饮不易变冷的双层马克杯，能够长时间享受温热的咖啡。

滴滤后也很轻便

盖子有两种作用：蒸咖啡和充当滤网托盘

倒入热水后盖上盖子的话就可以充分蒸咖啡。并且，萃取结束后盖子翻过来的话可以作为滤网托盘。

六三

带不锈钢滤网的咖啡滤杯

配件的logo引人注目

价格： 4860日元
（约人民币306元）
规格：
圆锥形
不锈钢制滤网
制作1～4杯

适合熟练者

滤纸不能达到的味道直接的咖啡豆的味道

有着细网眼和粗网眼双重构造，能够滴滤出没有粉味的咖啡。能够简单地将三个部件进行分解，保养也很简单。

224porcelain

Coffe hat navy

通过三叶草形的杯托可以看见萃取量

价格： 3780日元
（约人民币238元）
规格：
圆锥形
多孔质性陶制滤网
制作1～2杯

适合初学者

可以除去水的漂白粉味或者杂质，形成圆润的口感

多孔质陶制所带有的远红外线效果和极小的孔可以除去水的漂白粉味或杂质等，因此可以萃取出口感圆润且清澈的咖啡。

Canadiano Japan

木质咖啡滤杯 Canadiano

治愈时刻 *伴随着木香的*

价格： 13570日元
（约人民币854元）
规格：
圆锥形
不锈钢制滤网
制作1杯

适合熟练者

和以往的味道不一样香气丰富的咖啡

将滤杯放在马克杯上，只需要放入咖啡粉之后再倒入热水，就可以冲泡出含有天然木香的咖啡。木头有4种种类，可以享受各自不同的香味。

Kinto

SLOW COFFEE STYLE SPECIALTY 02 可升降手冲台套装 4cups

充实的滴滤时刻

价格： 16200日元
（约人民币1019元）
规格：
圆锥形
钛表面涂层
不锈钢制滤网
制作1～4杯

适合熟练者

能够更加豪华地享受滴滤时间的套装

具有厚重感的设计并使用了优质材料的套装，使用时间越长，越让人喜欢。滤网具有钛的表面涂层，不会让咖啡染上多余的气味或者味道。

Able Brewing

KONE 咖啡滤杯 3rd version

适合熟练者

价格： 7000日元
（约人民币440元）
规格：
圆锥形
不锈钢制滤网
制作1～6杯
改良了滤网孔的大小

为了更好的萃取

改良了滤孔的大小和前端的形状

通过变小滤网的孔来延长热水停留的时间，它的滤网前端的形状变得平坦，是安全性也提升了的第三代滤网。

咖啡美味成分之一的油脂，也会将咖啡豆的味道充分萃取到咖啡中，能够更明显地感觉到咖啡的甜味和酸味。但是，这也会成为缺点。如果使用的咖啡豆品质不好的话，连涩味都会被萃取出来，喝咖啡的时候马上就会知道是低品质的咖啡豆，因此必须注意这点。无纸化滤杯是应当在入手高品质咖啡豆的时候使用的滤杯。此外，滤网的部分如果堵塞的话，会不能顺利进行萃取，因此需要勤快地打理。还有一点，用无纸化滤杯萃取的咖啡会混有咖啡的细微粉末。但是，可以通过不同制造商生产的滤杯的网眼的细致程度和形状等来减轻影响，因此这也是选择滤杯的时候需要确认的点。滤网只要不损坏的话就可以半永久使用，不需要滤纸，因此它是一件经济又环保的单品。对于想要精心挑选咖啡豆，并想一览无遗地直接品味咖啡风味的人来说，这是最适合的滤杯。

NPS
自助滤杯支架

价格：11880日元（约人民币692元）
规格：
不锈钢制
130×140×140（毫米）
支架高度95毫米

> 可以一杯一杯细心滴滤

适合马克杯

追求技能性
不加修饰的设计

制作手冲咖啡时的便利度自不用说，清洁也很方便。设计成适合咖啡杯滴滤的高度，即使脏了也能用洗碗机清洗。此外，脚架以外的部分，使用耐久性强的不锈钢制作，还进行了砂光处理，故不容易产生损伤。各部分经过专家严格的检查，是可以舒适地进行手工滴滤的构造。

随时都保持干净
剩余的咖啡用托盘接住
滴滤完毕，杯子拿开以后，用托盘接住剩余的咖啡，不用担心会弄脏桌子。

不需要担心尺寸
几乎适合所有滤杯的手冲台
放置滤杯的手冲台为边长65毫米。因为几乎适合所有的滤杯，可以使用手头现有的滤杯。

HARIO
V60铝制单台

价格：7560日元
（约人民币476元）
规格：
铝制
120×136×168（毫米）

轻便容易收纳的铝材料

适合咖啡壶

因为简单，所以不论怎样的滤杯都适用

有底座的滤杯自不用说，没有底座的圆锥形滤杯也能适用。不会浪费的设计使得不论放置怎样的滤杯都能适用，不会有违和感。

卡利塔
手冲台

价格：2376日元
（约人民币150元）
规格：
钢铁制
160×130×180（毫米）

红色的logo是一大亮点

适合咖啡壶

可以结合咖啡壶改变托盘的高度

滤杯支架的黑色钢铁富有个性。托盘的位置可以简单地切换，因此可以配合咖啡壶的高度使用。

CB JAPAN
Qahwa
咖啡手冲台

价格：3564日元
（约人民币224元）
规格：
钢铁制/实木（橄榄木）
180×115×235（毫米）

自然融入室内装饰的设计

适合马克杯、水壶

黑色的框架和木质的底座很时尚

托盘的高度可以有两层，可以调节，可以放置马克杯和外出携带的水壶。亚光的黑色框架和漂亮的木质底座的对比也有很强的装饰性。

cores
手冲台
C501

价格：6480日元
（约人民币408元）
规格：
不锈钢制/竹制
135×175×325（毫米）

适合马克杯、咖啡壶

轻便的原材料进行简单的组装

竹制的底座和杯架营造自然的氛围

组装式的手冲台。通过简单的组装，暂时不使用的时候可以拆开进行收纳。圆环的高度是可以调节的。

Kinto
SLOW COFFEE STYLE SPECIALTY 04
手冲台

价格：9720日元
（约人民币612元）
规格：
不锈钢制（铸造）
124×130×210（毫米）

有着厚重感的铸物的质感

适合马克杯、咖啡壶

单一的黑色，帅气的滴滤时刻

铸物的厚重有种男人的帅气感。安装滤杯的连杆是可移动的，从较高的咖啡壶到1人用的马克杯，可以结合滴滤需要使用。

便利的咖啡工具

为了准确地进行滴滤
不可欠缺的单品

咖啡的基础知识
083
COFFEE BASICS

手冲台

用手冲台在自家享受咖啡店的氛围

使用手冲台的话，直接滴滤到马克杯里时也能看到萃取量。此外，对于个子高的人或者桌子高度较低的时候，也能起到调节高度的作用。并且，它的表现效果也尤为突出，有种专家的感觉，滴滤过程也变得更加快乐。

HARIO
V60保温不锈钢咖啡壶600

价格：3780日元（约人民币238元）
规格：
容量：550毫升
盖子、壶嘴、把手：合成树脂，壶身：不锈钢

倒入的时候，只需要按下手柄

保温良好

可以选择的颜色

滴滤之后也能保持温热和美味

　　为了长时间享受美味的咖啡而开发的咖啡壶。由于是真空隔热双重构造的不锈钢制，萃取完成之后也能保持温热。在家中制作咖啡自不用说，即使在不能烧开水洗东西的室外，只要有这个咖啡壶，就可以通过一次的滴滤，长时间喝到热腾腾的咖啡。拆下盖子的话，可以将滤杯放在咖啡壶上直接进行滴滤。

可以结合喜好选择颜色

　　正因为不是玻璃制造的，所以可以选择喜欢的颜色。颜色有黑、白、红三色，可以结合已有的咖啡单品来选择。

微波炉可用

梅丽塔
500毫升玻璃壶
价格：1512日元（约人民币95元）
规格：
容量：500毫升/4杯
盖子、把手：塑料
壶身：耐热玻璃

因为是固定使用便利程度出众

适合手握的把手和大大的口径

　　便于拿起的把手、清洗的时候手能伸到壶里面的大口径等，细节随处可见，使用效果也很出众。

卡利塔
Jug400
价格：2376日元
规格：
容量：400毫升
耐热玻璃

微波炉可用

把手都是玻璃制的

美丽的透明感

烧瓶般的直线构造

　　最近卡利塔推出了连把手都是玻璃制的咖啡壶。如同烧瓶般的直线构造很帅气，也可以在咖啡以外的其他饮品中使用。

---

cores
手作玻璃咖啡壶（可制作4杯）C504
价格：3240日元（约人民币204元）
规格：
容量：500毫升
壶身：耐热玻璃
盖：实木（金合欢）

微波炉可用

简单的点状刻度

倒入的时候微粉不容易进入杯子里的形状

　　倒入的时候慢慢倾斜的话，有弧度的侧面会滞留微粉，因此微粉不会进入杯子里。盖上盖子的话，灰尘等也不会入内。

GLOCAL STANDARD PRODUCTS
GSP Coffee Server 500
价格：2268日元（约人民币143元）
规格：
容量：500毫升
壶身：耐热玻璃/
把手：皮藤

耐热玻璃

咖啡壶胖乎乎的形状很可爱

用藤条卷成的把手起到恰到好处的装饰作用

　　黑色塑料制的把手和整体玻璃制的玻璃壶中，藤条温柔的质感很少见。通过把藤条缠在把手上，使其变得顺滑，并且这还成为具有设计感的装饰。

torch
咖啡壶Pitchii
价格：2376日元（约人民币149元）
规格：
容量：600毫升
耐热玻璃

职人的手作

微波炉可用

如同鸟嘴一般的形状

　　一看就觉得可爱的独特形状，可以计量滴滤量。底部往外突出的部分（约3厘米）为200毫升，之后也是以每3厘米为200毫升作为参照。

便利的咖啡工具

咖啡的基础知识
084
COFFEE BASICS

最初盛放滴滤完成的咖啡的工具

咖啡壶

萃取好几杯咖啡的时候，直接萃取到咖啡壶里的话，味道不会变化

　　这是为了盛放萃取出的咖啡所必需的咖啡壶。特别是在萃取几杯咖啡的时候，比起直接萃取到各自的马克杯中，萃取到咖啡壶的味道会更稳定，只需要一次就能完成萃取，效率也很高。最近咖啡壶的设计也很多样化，有很多时尚的单品。

Ark trading

美式滤压壶杯支架

价格：12960日元（约人民币780元）
规格：
容量：355毫升
水壶·容器：共聚酯／盖子：塑料、不锈钢／
垫片：硅酮／滤网：不锈钢／柱塞：铝、不锈钢

双重构造的容器保温且可以防止破碎

新的萃取

按压很有趣

萃取咖啡的进度看得清楚明白

在壶身中倒入热水，装好咖啡粉之后，慢慢按压的话，就能看到热水穿过水壶变成咖啡。

和法式滤压壶不同采用新的萃取方法的咖啡滤压壶

使用方法和法式滤压壶基本一致，萃取方法却大不相同。由于水压密封，在滤压的时候可以轻松施加压力，可以猛地缩短注入热水之后的等待时间。滤网用100微米的极细不锈钢制造，只要清洗的话就可以反复使用，咖啡粉的处理也很简单。

梅丽塔

标准法式滤压壶

价格：2160日元（约人民币136元）
规格：
容量：350毫升
壶身：耐热玻璃

油脂直接萃取到杯子里

滤网可拆卸

谁都能简单冲泡出稳定的咖啡

可以通过热水浸泡咖啡粉的时间来调整味道，因此只要统一时间和咖啡的量，谁都能制作出喜欢的味道。

HARIO

THT-2MSV法压壶（橄榄木法压壶）制作4杯

价格：6480日元（约人民币408元）
规格：
容量：600毫升（4杯）
壶身：耐热玻璃
拉杆头：实木
盖子、其他：不锈钢

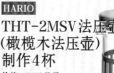

不锈钢的把手

有种时尚的氛围

安心的部件

除了咖啡，也能用来制作红茶或香草茶

此咖啡滤压壶的部件全都是精心制作的。可以享受咖啡原有芳香的法式滤压咖啡，也能冲泡红茶等。

BARIATA&CO

3Cup Plunge Pot

价格：5184日元（约人民币324元）
规格：
容量：350毫升（3杯）
壶身：耐热玻璃
把手、盖子：不锈钢钢铁

浓厚的氛围

带有刻度

用咖啡滤压壶才能享受到的本来的味道

这个咖啡壶的魅力在于，不管谁都能毫无损伤地冲泡出咖啡本来的美味成分或者本来的味道。具有高级感的设计的咖啡壶也能作为室内装饰。

Cafflano

法式滤压壶咖啡机 小型

价格：7452日元（约人民币469元）
规格：
容量：220毫升
聚丙烯、不锈钢、丙烯、硅

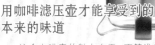

手掌大小的小型机器

高度6厘米

虽然小但具有真正实力的咖啡滤压壶

特点是用硅制的风箱按压出咖啡。折叠起来高度有6厘米，非常小巧。还有收纳盒，因此很便携。

Bodum

BEAN

价格：5400日元（约人民币340元）
规格：
容量：1升（8杯）
耐热玻璃、聚甲醛、不锈钢钢铁、聚丙烯、硅胶

有两种颜色

安心设计

考虑到便于使用的高功能性

即使壶身倾倒了，洒出的咖啡量也控制到最少的设计，单手也能简单地倒入的构造，拥有能够轻松享受美味咖啡的高功能性。

便利的咖啡工具

用最少的工具轻松地就能饮用正宗的咖啡

咖啡的基础知识
085
COFFEE BASICS

咖啡滤压壶

做出和滴滤咖啡不同的味道

在萃取咖啡的工具之中，咖啡滤压壶算是特别简单的。放入咖啡粉，注入热水，等待少许时间，然后按下滤网就可以了。只需要这些步骤，谁都能简单地冲泡出好喝的咖啡。外观时尚也是很加分的一点。

iwaki
冰滴咖啡壶

价格：3240日元（约人民币204元）
规格：
容量：440毫升
咖啡壶：耐热玻璃
过滤器：AS树脂／水槽：聚苯乙烯
盖子：聚丙烯
点滴式

不需要看守就可以做出好喝的咖啡

分饰两角

萃取结束之后可以作为咖啡壶的盖子

水槽的盖子取出来也可以作为咖啡壶的盖子，防止有其他杂物进入咖啡壶内。

萃取约2小时

安装好水和咖啡粉之后，就能萃取出纯净澄澈的咖啡

能轻松享受点滴式的冷萃咖啡的冷萃壶。不需要调整点滴速度，只要在水槽中放入水，就会自动开始点滴。在睡前装置好的话，早上就能马上喝到纯净的咖啡。咖啡壶也适用于微波炉。加热的话还能享受热咖啡。

冷萃壶
HARIO冰滴壶

价格：5400日元
（约人民币340元）
规格：
容量：制作5杯
盖子、外架、内架：硅胶／滴流部件：聚丙烯
过滤器：不锈钢
点滴式

无须调整速度！

萃取时间约1小时

一滴一滴慢慢萃取无须调整

将放有咖啡粉的过滤器安装到咖啡壶上，往壶中倒入水后，只需要等待，不需要调整速度。

HARIO
带滤网冷萃咖啡壶

价格：2700日元
（约人民币170元）
规格：
容量：750毫升
注口、栓：硅胶／滤网：聚丙烯／网眼：聚酯树脂
浸渍式

容易倒的咖啡壶类型

使用专用金属滤网用冷水也容易萃取

采用专用的金属滤网，即使用冷水也可以将咖啡本来的味道和香气充分萃取出来。由于密封程度很高，放在冰箱保存也不用担心会串味。

萃取约8小时

BARISTA&CO
Cold Brew Carafe

价格：6480日元
（约人民币408元）
规格：
容量：800毫升
咖啡壶：耐热玻璃
盖子、咖啡粉槽：不锈钢
浸渍式

考究的细长外形

萃取12～24小时

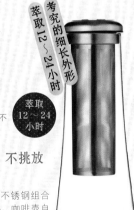

简约的风格，不挑放置的地方

耐热玻璃和不锈钢组合而成的时尚风格。咖啡壶自身很细长，在冰箱的侧门放置也可以顺畅收纳。

RIVERS
STRAINER POT HERON

价格：2808日元
（约人民币177元）
规格：
容量：1000毫升（萃取容量750毫升）
咖啡壶：耐热玻璃／盖子、滤网：聚丙烯／网眼：尼龙
浸渍式

因为简约，使用方法各种各样

萃取8～12小时

因为是耐热玻璃制咖啡以外也可以使用

耐热玻璃制的咖啡壶，除了冷萃咖啡，还可以冲泡热茶等。滤网一直到底面都是网眼，收拾也很简单。

Iwaki
SNOWTOP 冰滴冷萃咖啡壶 Uhuru

价格：54000日元
（约人民币3398元）
规格：
容量：440毫升
耐热玻璃、硅胶、不锈钢、实木、镀铬、聚丙烯、聚酯树脂、合板、陶瓷
点滴式

萃取约2小时

就如画般的设计

只需要放着

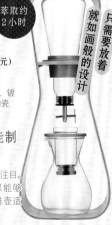

调节冷萃的速度，就能制作出自己喜欢的味道

独特形状的木质支架引人注目。因为能够调节点滴速度，所以能够追求自己所喜欢的味道。咖啡壶适用微波炉。

便利的咖啡工具

将热咖啡用冰块冷却的方法已经过时了？

咖啡的基础知识
086
COFFEE BASICS

冷萃壶

虽然费时间却可以简单做出苦味少的咖啡

冷萃壶很难溶解作为苦味根源的咖啡因，因此可以制作出爽口且口感圆润的咖啡。用冷水萃取比较费时间，但只要安装好水和咖啡粉之后等待就可以了。萃取方法有点滴式和浸渍式两种。

HARIO

V60附带温度调整的电热水壶

价格：21600日元
（约人民币1359元）
规格：
容量：800毫升

自动关闭功能

能够安全地制作最适宜的热水

可以将热水温度设定在60℃～96℃的范围之内，可以在滴滤时用最适合的注嘴按照所想的一样进行萃取。带有防止空烧功能和自动关闭功能，因此安全功能很齐备。

以1℃为单位进行温度调节

帅气的亚光黑设计

保温功能

YAMAZEN

电热水壶 YKG-C800

价格：8618日元（约人民币542元）
规格：
容量：800毫升
壶身重量：980克（含电源板）
热水壶壶身：590克

为了好喝的咖啡调节至最适合的温度

可以在60℃～100℃之间以1℃为单位调节温度，因此可以用能够提取出自己喜欢的味道的温度来冲泡咖啡。由于是电子屏显示，即使在昏暗的地方也可以一目了然地看到设定温度等，防止空烧、节能和容易握住的把手等是其优点，使用的便利程度出众。黑色的亚光质感，在使用时有种帅气的感觉，也使人愉快起来。

保持温度

可以设置保温60分钟

可以保温设置好的温度，续杯或者家人在不同时间饮用的时候都很方便。

Kinto

手冲咖啡壶 白色

价格：12960日元
（约人民币815元）
规格：
容量：900毫升
壶身：不锈钢制

小型尺寸，节约空间

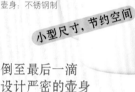

可以直火加热

倒至最后一滴设计严密的壶身

壶身描绘出柔缓的曲线，可以平缓地倒完所有热水，把手的触感很好。即使单手也很容易开关，使用便利，毫无压力。

月兔印

细长水壶

价格：3791日元
（约人民币238元）
规格：
容量：700毫升
壶身重量：约420克

可以直火加热

30年以上的长期畅销商品

优秀的职人所制作持续受到人们喜爱的名品

熟练的职人手作而成的水壶有着光滑的光泽感和流畅的构造，以及会流淌般的延伸壶嘴等。使用很方便，受到30年以上的认可。

Bon mac

滴滤咖啡壶 Pro

价格：16200日元
（约人民币1019元）
规格：
容量：750毫升
壶身重量：380克

2017年iF设计大奖赛获奖

精心设计的注口

在热水量的调节和容易注入上彻底精心设计的水壶

壶嘴的波浪形切口和尺寸，低重心的盖子，实木的把手，到处都充满了精心设计的终极水壶。壶嘴的切口可视性很高，不容易失败。

卡利塔

DP1000

价格：7344日元
（约人民币462元）
规格：
容量：1000毫升
壶身重量：约390克

可以直火加热

整体不锈钢制造因此收拾也很简单

TSUBAME制造的高品质滴滤咖啡壶

因金属加工技术被熟知的新潟县燕市的研磨职人打磨而成的滴滤咖啡壶闪耀着夺目光辉。容易握住的平坦把手上卡利塔的LOGO闪闪发光。

便利的咖啡工具

倒入热水的方法会左右咖啡的味道

咖啡的基础知识
087
COFFEE BASICS

水壶&热水壶

手冲壶对于咖啡味道的影响很大，因此选用专用的器具

在手冲咖啡中重要的一点是，对于倒入热水的控制。咖啡专用的水壶或热水壶的壶嘴比较细长，因此容易控制倒入热水的速度和用量等。电气式的热水壶可以以1℃为单位进行温度的设定，因此能在最适合咖啡的热水温度下进行滴滤。

膳魔师

真空隔热马克杯/ JCP-280C

价格：1830日元（约人民币115元）
规格：
容量：280毫升
重量：约200克

> 以最强的保温性能保持美味

保温杯构造

THERMOS

开关简单

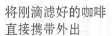

带有盖子的饮用口可以保温和防止灰尘

带盖子的饮用口可以简单地进行开合，在人多的办公室等场合使用时可以防止灰尘进入，也具有保温效果。

以不锈钢保温杯构造保持美味的温度

真空隔热构造的马克杯。可以直接将咖啡滤杯放在马克杯上进行滴滤，并且可以长时间保持饮用刚冲泡好的咖啡时的温度。保温力度很强，因此非常适合在不能够重复冲泡的办公室等地点使用。因为饮用口带有盖子，因此也能安心地放在桌子上使用。

DINEX

8盎司 两色拼接马克杯

价格：864日元（约人民币54元）
规格：
容量：226毫升
聚丙烯

> 结实又轻便，因此在哪都可以使用

使用隔热材料

让人想要收藏的设计和功能性

特点是两种色调和圆圆的设计。内部使用隔热材料，因此保温效果也很突出。不容易损坏，后续拾取也很简单，因此适合在户外使用。

HARIO

V60随行咖啡杯

价格：3240日元（约人民币204元）
规格：
容量：350毫升
重量：240克

> 可以将好喝的咖啡携带外出

真空双重构造

将刚滴滤好的咖啡直接携带外出

拿下盖子的话，就可以将滤杯放在上面直接进行滴滤。盖子带有开关锁，即使在移动中也可以用单手迅速打开开关饮用。饮用口稍突出，质感也很好。

GLOCAL STANDARD PRODUCTS

Double Wall Tumbler / Short

价格：2376日元（约人民币138元）
规格：
容量：310毫升
不锈钢制

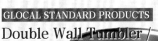

真空双重构造

> 和手贴合的杯身

简约的杯身有着使用感良好的触感

杯口部分略厚，使得口感顺滑。由于是真空双重构造，咖啡保持温热的同时，外部也不会变热，因此可以直接用手拿着。

CB JAPAN

Qahwa咖啡杯

价格：2700日元（约人民币170元）
规格：
容量：约310毫升
重量：约180克

特氟隆

> 为了咖啡而创作出的咖啡杯

Qahwa

以特有的芳香孔享受咖啡的香味

兼具为了保温的密封性和为了芳香的开放性的咖啡杯。通过在盖子上的13个芳香孔，盖上盖子也能享受到咖啡的芳香。

RIVERS

STAINLESS BOTTLE FLASKER 320

价格：2268日元（约人民币143元）
规格：
容量：320毫升
壶身：不锈钢/
盖子：聚丙烯、硅胶

> 个性化也是乐趣之一

真空隔热构造

Rivers

饮用口大，可以任意角度饮用

宽大的饮用口的构造使得在放入冰块的时候，即使倾斜，冰块也不会溢出。简约的瓶身可以使用贴纸等享受个性化。

便利的咖啡工具

用保温性好的器具一直享受美味的咖啡

咖啡的基础知识
088
COFFEE BASICS

保温马克杯·咖啡杯

不论何时何地都能喝到温热的咖啡

咖啡当然是刚泡好的时候最好喝，但是，在将家中冲泡好的咖啡携带外出的时候，或者在办公室需要长时间保温的时候，马克杯和咖啡杯等就很方便。保温功能自不用说，正是因为要频繁使用，便于饮用和收拾就变得很重要。

RIVERS
咖啡研磨机

价格：8640日元（约人民币544元）
规格：
容量：约20克咖啡豆
不锈钢网、聚丙烯、聚缩醛树脂、铁、陶瓷、硅胶

咖啡粉的粗细不会变动，很稳定

RIVERS

陶瓷刀片

刀片不容易晃动

保持颗粒的大小

通过固定刀片制作稳定的味道，在研磨的时候，刀片不容易晃动，能够保持咖啡粉的颗粒大小。陶瓷刀片摩擦不容易产生热量，因此也不会破坏咖啡豆的味道。

功能性的单品

用硅胶带充分固定把手

收纳时用硅胶带固定住把手，可以充分收纳。并且，硅胶带使得磨咖啡豆的时候更加容易固定壶身。

短的把手也可以轻松地进行手磨

手动的磨具很费时间，需要一定的力气才能很好地研磨，但是RIVERS的GRIT的陶瓷刀片做得很深，每次转动把手，就会有很多的咖啡豆陷入刀头间，不需要花费很多力气。此外，保养也很简单。陶瓷制的刀片不会生锈，因此可以水洗，保持卫生。携带性很强，在户外也能品味到刚磨好的咖啡的味道。

卡利塔
咖啡研磨机 KKC-25

价格：6048日元
（约人民币381元）
规格：
容量：咖啡豆约25克，
咖啡粉约30克
重量：380克

陶瓷刀片

用刻度盘调节粗细

可以完全清洗随时都保持清洁

陶瓷制的刀片以及塑料制的机身，使得完全清洗成为可能。壶身底面带有防滑的硅胶，可以平稳地研磨咖啡豆。

卡利塔
咖啡研磨机 KH-3

价格：4104日元
（约人民币258元）
规格：
容量：咖啡豆35克，
咖啡粉55克
重量：540克

有手动研磨机风格的复古设计

硬质铸铁刀片

Kalita

转动把手的话就会飘散出咖啡的香味

仓斗是开放式的，因此是容易放入咖啡豆的构造。开始研磨的时候就会飘散出咖啡的香味，能看到咖啡豆慢慢减少的样子，可以获得研磨的真实感。

HARIO
清透咖啡研磨机

价格：5940日元
（约人民币374元）
规格：
容量：咖啡粉40克
异丁烯树脂、聚丙烯、陶瓷、不锈钢、硅胶

能收纳在书柜里的口袋本尺寸

陶瓷刀片

通过将研磨机固定在桌子上，从而能够轻松地研磨

将壶身侧面的把手放下的话，吸盘就会开始运作。研磨机可以固定在桌子上，稳定地研磨咖啡豆。即使不使用硅胶，底部整体都是硅胶，也不容易滑动。

便利的咖啡工具

有时间的时候用手动，没时间的时候用电动

咖啡的基础知识
089
COFFEE BASICS

咖啡研磨机

咖啡的香气和风味在刚研磨好的时候最佳

研磨好的咖啡粉随着时间的经过会逐渐氧化，香气会飞散，味道也会产生变化。如果想要以最好的状态冲泡咖啡的话，使用研磨机自己研磨咖啡豆比较好。并且，以咖啡豆的状态保存的话，比起咖啡粉更

Russell Hobbs
咖啡研磨机 7660JP

价格：5400日元
（约人民币340元）
规格：
容量：咖啡豆60克
不锈钢、AS树脂

搭载150瓦的大功率马达

螺旋式

能在短时间内研磨，因此在忙碌的早上也很方便

虽然是小型机器，但是因为有150瓦的大功率，如果是中研磨度的话，60克可以在约10秒内研磨完毕。研磨盒是可以拆卸的，因此不用担心咖啡粉洒出来。

梅丽塔
平面圆盘咖啡研磨机

价格：12960日元
（约人民币815元）
规格：
容量：咖啡豆200克
壶身尺寸：
97×160×266（毫米）

共有17挡从粗研磨度到细研磨度

磨式平面圆盘

只需要按一下就可以只研磨必要的量

广泛使用的商用平面圆盘咖啡研磨机可以快速研磨咖啡豆。用圆盘式的刻度仪设定杯数也只要按一下。可以结合必要的杯数研磨需要的量。

HARIO
胶囊形电动咖啡研磨机

价格：5940日元
（约人民币373元）
规格：
容量：咖啡粉30克
不锈钢、聚丙烯、AS树脂

作为入门的选择正合适

螺旋式

小型的安心设计

开关在盖子上，因此不盖上盖子的话就不会启动，是令人安心的设计。电线可以收纳在底座内，不使用的时候可以收纳在盒子里。

德龙
切削式 咖啡研磨机 KG40J

市场价格：8100日元
（约人民币509元）
规格：
容量：咖啡豆80克
壶身、仓斗、仓斗盖：
ABS树脂、三合一树脂、
硅/刀片：不锈钢

可拆卸 大容量的仓斗

切削式

对于初学者也很容易的简单操作和安心设计

将咖啡豆放入仓斗中，按下盖子之后就开始旋转。按的时间可以根据研磨度进行调整，因此即使初学者也很容易上手。最多可以研磨八杯量的咖啡豆。

卡利塔
Nice Cut G

市场价格：26045日元
（约人民币1639元）
规格：
容量：咖啡豆50克
壶身尺寸：
120×218×337（毫米）

商用研磨机

小型的能在家中使用的

剪切式

说起研磨机的话就是这款！设计深得人心

于2016年生产的Nice Cut研磨机的新款。为了更美味的咖啡，在压制粉碎速度产生的摩擦热，仓斗的容量等，这些细小的地方进行了改良。

Device style
GA-1X Special Edition 咖啡豆研磨机

价格：11880日元
（约人民币747元）
规格：
容量：咖啡粉140克
壶身尺寸：
110×150×223（毫米）

圆锥形刀具式

开始研磨2分钟后自动停止功能

能够选择旋转模式可以根据用途研磨

发动机的旋转次数分为一般模式和手磨模式，手磨模式下会比一般的旋转次数低，从而减少热量对咖啡香味的破坏。

HARIO
V60电动咖啡研磨机

价格：30240日元
（约人民币1903元）
规格：
容量：咖啡豆240克
刀片：不锈钢/仓斗：AS树脂/
壶身：ABS树脂、聚丙烯、硅胶

磨式

自由切换咖啡粉的粗细

通过44挡的调节可以

一杯好喝的咖啡所必须的是均匀的咖啡粉

有着44挡的粗细调节，以及使得颗粒均匀的圆锥形研磨器等，是以"美味的一杯从咖啡粉颗粒的大小开始"为理念创造出的真正的咖啡研磨机。

Bodum
BISTRO 咖啡研磨机

价格：20520日元
（约人民币1292元）
规格：
容量：咖啡豆220克
壶身：ABS树脂
刀片：不锈钢

个性设计 很有布杜姆风格的

圆锥形刀具式

旋转速度较慢的圆锥式，不易产生热量

圆锥形刀片式可以使得咖啡豆的研磨变得均一，并且摩擦热产生的对于咖啡豆风味恶化的影响也会比较小。即使研磨刀片中夹杂了异物，也会因为特殊构造而防止损坏。

德龙
圆锥式 咖啡研磨机 KG364J

市场价格：15223日元
（约人民币959元）
规格：
容量：咖啡豆250克
咖啡粉110克
壶身、仓斗、仓斗盖：
ABS树脂、三合一树脂、硅/刀片：不锈钢

可以减少研磨不均匀的圆锥式研磨刀片

保留香气和味道

研磨出咖啡本来的美味

通过圆锥式的研磨刀片和低速旋转将研磨咖啡豆时产生的摩擦热量降至最低，不会损伤咖啡本来的香气和风味。圆锥式能够降低噪音，这点也很让人喜欢。

不容易氧化。

咖啡研磨机大体上分为手动和电动两种类型。手动的咖啡研磨机是一边转动把手一边用自己的力气研磨，需要花费时间，但是比较容易把咖啡粉的颗粒研磨得比较均匀。知道咖啡研磨机的特性或者情况的话，就可以对于颗粒大小进行微妙的调整，声音比起电动的类型也会小很多。嘎吱嘎吱磨豆子的感觉传到手中，能够获得细心冲泡咖啡的真实感，也让人更期待饮用的咖啡。手动的咖啡研磨机以这种表演效果给咖啡带来了一定娱乐效果。电动的

研磨机的魅力则在于它的速度。一杯量的咖啡豆在数秒之内就能研磨完成，因此即使在很忙碌的时候，使用它也能品尝到刚研磨好的咖啡。颗粒的大小，大多也可以通过一个按钮或者旋转刻度盘来调整。不同的咖啡萃取工具有着不同的最适合颗粒的研磨度，使用电动咖啡研磨机的话，就可以简单研磨成最适合的颗粒大小。不论是手动类型还是电动类型，使用后的清理都是很重要的。研磨结束之后，残留的咖啡渣不清理的话会氧化，从而破坏新研磨的咖啡豆的味道，所以每次都要用刷子充分清除咖啡渣。

德龙

收藏列表
意式咖啡·
卡布奇诺咖啡机
ECO310

市场价格：32400日元
（约人民币2040元）
规格：
供水槽容量：1.4升
壶身尺寸：265×290×325（毫米）
壶身重量：4千克

和意式咖啡的深厚相匹配的厚重感

非常纤细的泡沫

柔软的牛奶也可以简单地起泡

可以用二重构造的蒸汽喷头简单制作拿铁咖啡或卡布奇诺等花式配方中不可欠缺的奶泡。打泡器可以拆下来进行水洗。

结合场景

咖啡粉和咖啡豆可以选择的萃取方法

有咖啡粉和咖啡豆各自专用的手柄，可以结合场景进行选择，可以用柄锤按压咖啡豆也是德龙独创的。

兼备功能性和美丽的外观
在家庭也能享受正宗的浓缩咖啡

　　该咖啡机的复古设计引人注目，令人仿佛置身于20世纪50年代。具有高级感的金属机身是不锈钢材质的，设计感自不用说，耐久性也很突出。可以同时萃取2杯咖啡，咖啡粉和咖啡豆都可适用。壶身上部是杯子加热托盘，可以事先将杯子温热，随时都能以最佳的温度享受意式咖啡。

比乐蒂

意式咖啡机

价格：37800日元
（约人民币2380元）
规格：
供水槽容量：800毫升
壶身尺寸：
约290×345×210（毫米）
重量：约3.3千克

意大利人自豪的设计

半自动

可以结合场景进行萃取
随时都能饮用意式咖啡

　　适用咖啡粉、咖啡豆、咖啡胶囊三种的萃取方法。忙碌的早晨用咖啡胶囊，空闲的时候适用咖啡粉，可以结合场景进行萃取。

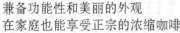Bonmac

浓缩咖啡机
BME-100
DARMAR

价格：13000日元
（约人民币819元）
规格：
供水槽容量：800毫升
壶身尺寸：
240×250×300（毫米）
重量：3.7千克

即使初学者也容易上手

半自动

用简单操作萃取出正宗的意式咖啡

　　谁都能使用蒸汽喷嘴简单地制作出奶泡，也能轻松地享受花式配方。咖啡粉、咖啡豆、滴落式咖啡等都能适用。

德龙

意式咖啡·
卡布奇诺咖啡机
EC680

市场价格：51624日元
（约人民币3251元）
规格：
供水槽容量：1升
壶身尺寸：
150×330×305（毫米）
重量：4千克

宽15厘米的纤细机身

半自动

可以根据喜好进行个性化设置的个人专用的咖啡机

　　定量设定、三档的萃取温度、休眠模式设定等，可以结合喜好进行个性化设置。随时都能够冲泡出最适合自己的味道。

便利的咖啡工具

根据想要什么样的功能
来选择咖啡机

咖啡的基础知识
090
COFFEE BASICS

意式咖啡机

应当确认的是萃取气压、水槽容量、保养的方法

　　家庭用的意式咖啡机绝对不是便宜的商品，因此需要慎重选择。选择萃取气压为9巴压力以上的话，就可以冲泡出带有深厚油脂的意式咖啡。然后就是根据每次冲泡的量选择水槽的容量，保养的简易程度也需要事先确认。

UCC
牛奶杯打泡器
MCF30

价格：12960日元（约人民币780元）
容量：奶泡70毫升、热牛奶140毫升
壶身尺寸：约158×132×179（毫米）
壶身重量：约1千克

全自动

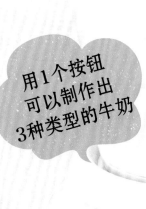

用1个按钮
可以制作出
3种类型的牛奶

可以卸下

注口可以卸下后直接饮用

注口方便奶泡倒入杯中。
直接用杯子饮用时也可以卸下
注口，很方便。

on/off　泡立て　温め

⏻　☕　♨

hot ice

扩大了自家咖啡配方的范围

按住按钮等待约60秒就可以简单地制作出热奶泡、冰奶泡、热牛奶。可以放置300毫升的大容量专用杯子，在牛奶打泡以后，可以直接放入咖啡进行饮用。奶泡杯内侧有氟素涂层，因此保养也比较简单。低脂牛奶、豆奶等各种奶制品都可以使用，因此大大拓宽了在家能享受的咖啡配方。

3D拿铁拉花也很简单

极细的奶泡可以用来挑战3D拿铁拉花

只需要按下按钮就能制作奶泡，因此能简单制作出对于3D拿铁拉花来说硬度刚好的奶泡。

Barista&Co
牛奶打泡器

价格：3780日元
（约人民币238元）
规格：
容量：400毫升
尺寸：
71×85×215（毫米）

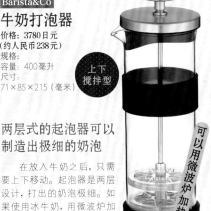

上下搅拌型

两层式的起泡器可以制造出极细的奶泡

在放入牛奶之后，只需要上下移动。起泡器是两层设计，打出的奶泡极细。如果使用冰牛奶，用微波炉加热一下就可以。

可以用微波炉加热

卡利塔
柔软奶泡打泡器
FM-100

价格：1944日元
（约人民币122元）
规格：
连续使用时间：30秒
重量：约115克

绵密起泡的奶泡

手动搅拌器

放入牛奶中之后只需要打开开关

手动搅拌器类型的牛奶打泡器。将打泡器在牛奶中慢慢上下移动15～20秒的话，就能完成奶泡。有专用的架子，因此也不用烦恼放置的地方。

HARIO
手摇奶泡器

价格：1296日元
（约人民币82元）
规格：
容量：卡布奇诺2杯量
（使用70毫升牛奶）
尺寸：72×173（毫米）

用30秒制作出蓬松的奶泡

手摇类型

网眼细的滤网是做出极细奶泡的秘密

将冰牛奶倒至杯子的刻度线，将滤网和上下杯子安装好之后，只需要摇20～30秒钟。奶泡用微波炉加热的话也可以用于热饮。

便利的咖啡工具

想要制作3D拿铁拉花的话
推荐使用电动类型

咖啡的基础知识
091
COFFEE BASICS

牛奶打泡器

使用奶泡来扩大咖啡配方的范围

在自家制作咖啡花式配方的话，奶泡是必须的。打泡器有手动和电动两种类型，频繁制作柔软的奶泡的话，电动的更为轻松。除了制作卡布奇诺或拿铁，还可以制作可可或抹茶拿铁，并且还可以挑战最近流行的3D拿铁拉花。

TWINBIRD

虹吸式咖啡机

价格：21600日元（约人民币1360元）
规格：
容量：480毫升（4杯量）
壶身尺寸：约255×180×325（毫米）
重量：1.8千克

唯一日本制造的电气式咖啡机

电气式

磁铁式插头

正因为是电气式，才要充分保证安全

电源插座采用磁铁式的插头。壶身不容易倾倒，可以安心使用。

构造虽然简单，却是优质的产品

虽然咖啡机向着多功能化、细分化改进，但是喜欢传统制法的人也不在少数。为了这些人，为了能够看到将热水细心煮沸、将咖啡萃取出的全过程，创造出了电气式虹吸咖啡壶。因为是电气式，省去了准备酒精灯的时间，可以轻松使用。

Bonmac

金色虹吸壶
TCA-3GD-BM

价格：10260日元
（约人民币646元）
规格：
容量：制作3杯（360毫升）
尺寸：160×95×333（毫米）
重量：725克

加上木质配件有高级感的金色

酒精灯

度过完美的咖啡时刻

虹吸咖啡壶的金色支架和深色的木质把手，有种古典且高级的感觉，可以在等待咖啡萃取的时间内享受更加豪华的表演。

HARIO

迷你虹吸壶

价格：12960日元
（约人民币816元）
规格：
容量：制作1杯（120毫升）
尺寸：138×88×188（毫米）
重量：约540克

酒精灯

世界上最小的咖啡虹吸壶

只为了冲泡一杯的奢华单品

世界上最小的虹吸咖啡壶使得一杯咖啡变得更有价值，并且味道也更好喝。酒精灯收纳在不锈钢制的把手内，提升了安全性能。

Bodum

PEBO

价格：9180日元
（约人民币578元）
规格：
容量：1.0升
尺寸：
约255×148×275（毫米）
重量：约742克

60年不变的长期畅销商品

酒精灯

充分提取出咖啡的香味和醇度

从发行开始已经超过60年，设计几乎没有变化，一直持续被人们喜爱至今。能够直观享受虹吸式所特有的咕噜咕噜沸腾的热水和萃取咖啡的过程。

HARIO

TCA3人用

价格：9180日元
（约人民币578元）
规格：
容量：3杯用
尺寸：
160×95×333（毫米）
重量：约1300克（含箱子）

专家也使用的HARIO的名品

适用煤气灯

丰富的配件使得其可以长期使用

维持专业的味道的HARIO虹吸咖啡壶，上下玻璃球等配件可以单独购入，即使损毁或者丢失了也可以进行替换，然后持续使用。

Bodum

ePEBO

价格：32400日元
（约人民币2040元）
规格：
容量：1.0升
尺寸：
约200×232×375（毫米）
重量：约1.7千克

按一下开启30分钟的保温功能

电气式

不需要滤布保养很轻松

采用可以半永久使用的树脂滤网，保养也很轻松。自动关闭功能和保温功能，使人们能够更加安全并且轻松地享受虹吸咖啡。

便利的咖啡工具

萃取不会有变动
能够冲泡出稳定的味道

咖啡的基础知识
092
COFFEE BASICS

虹吸咖啡壶

如同过去的咖啡厅，时间缓慢流淌

在咖啡的萃取方法中特别引人注目的虹吸式。蒸气压使得热水在上下结构的容器内往复，看上去好像理科实验一样，很有趣。用虹吸壶冲泡的话，味道不会有改变，能够制作出稳定的味道。萃取过程中慢慢升起的咖啡香味也是其魅力之一。

PRIVATE ROASTER

价格：9720日元（约人民币612元）
规格：
容量：100～150克
尺寸：约155×320×60（毫米）

想要进行烘焙的时尚形状

手动烘焙器

考虑了使用便利性的设计

光滑圆溜的陶器正中间突然开了一个小孔，是简约设计的烘焙器。手柄和放入咖啡豆的部分与一体型的烘焙机不同，木质把手在烘焙的时候不会变热。并且，上部的孔可以确认烘焙的状态，为了不让咖啡豆飞溅出来，在设计上花了很多工夫。除了咖啡豆，还可以烘焙茶叶等。

收纳在小盒子里

可以将把手拆下来进行收纳

木质的把手可以从壶身上简单地取下来，因此水洗的时候也很容易收拾。不用的时候可以拆下之后进行收纳。

发明工房
擅长烘焙

价格：5616日元
（约人民币354元）
规格：
容量：制作5～6杯
尺寸：100×320×65（毫米）

手动烘焙器

烘焙中也不会累 重量仅有240克

因为底部有凸起，可以均匀地进行烘焙

底部的绝妙凸起，可以让生咖啡豆进行自转和公转，可以让咖啡豆整体都均匀地进行充分烘焙。机身的盖子可以取下，也可以清洁，因此随时都可以保持干净。

Uni flame
篝火烘焙器

价格：2900日元
（约人民币183元）
规格：
容量：50克
尺寸：
约160×320（毫米）（使用时），
约160×65（毫米）（收纳时）

手动烘焙器

用特殊的网把，防止烘焙不均匀

户外品牌特有的收纳性、结实以及安全性

以在篝火中使用为前提，把手两端伸缩。使用不用通过火焰就能转化热量的特殊耐热网，防止烘焙不均匀。收纳状态下是小型的，携带也很方便。

松下
智能咖啡烘焙机

壶身价格：108000日元
（约人民币6700元）
生豆的定期颁布：每月4104日元
（约人民币258元）
规格：
容量：50克
尺寸：130×238×342（毫米）
重量：4.6千克

经过洗练的设计

热风式

和智能软件联动 仿佛自家有个烘焙师

壶身只有一个控制按钮，设定都在IOS专用APP中完成。用软件读取定期配送的生豆的话，可以用专家建议的设定进行最适合的烘焙。

HARIO
复古咖啡烘焙机

价格：37800日元
（约人民币2380元）
规格：
容量：50克
尺寸：
264×139×190（毫米）
重量：约1700克
（包含箱子）

手摇式酒精灯

如同名字般的复古外形

一眼就能明白烘焙程度

用酒精灯加热耐热玻璃制的滚筒，烘焙机的烘焙情况马上就能明白，方便结合自己的喜好，可以悠闲地享受烘焙。

Behmor
Behmor1600plus 日本工艺

价格：76680日元
（约人民币4829元）
规格：
生豆容量：445克
尺寸：
450×320×270（毫米）
电压：100V 15A

直火式

虽然是直火式 也不容易产生烟

即使没有烘焙经验 可以经过数次之后烘焙出美味的咖啡豆

将生豆直接和火焰接触的直火式烘焙机能够进行均匀的烘焙，容易提取出咖啡豆带有的味道和香气。自动冷却功能可以在烘焙后自动冷却。

便利的咖啡工具

入手最新鲜的咖啡豆 进行自家烘焙

咖啡的基础知识
093
COFFEE BASICS

咖啡豆烘焙机

自家烘焙是通往精制咖啡的终极之路

烘焙好的咖啡豆过一会儿就会开始酸化。自家烘焙咖啡豆的话，就能喝到真正新鲜的咖啡，但是使用手动烘焙器的话，达到喜欢的烘焙程度需要技术和经验。一边试错，一边品味制作自己独有的原创咖啡的乐趣吧！

Acaia

电子秤
Pearl

APP联动

价格：21384日元
（约人民币1348元）
规格：
尺寸：160×160×30（毫米）
①称重模式
②计时＋称重模式
③自动计时模式
④手冲模式
⑤设置模式（最多表示5种模式）

可以将自己的滴滤进行数据化

以0.1克为单位计量

使用APP将咖啡的萃取配方进行保存和共享

这个称最大的特点就是使用APP的"蓝牙操控功能"。滤杯和咖啡豆的种类，热水和咖啡粉的比例等，可以在APP内详细记录。连倒入热水的情况都可以记录，因此可以在以后进行更正，成为制作自己独有的配方的参考。通过将自己的冲泡方法可视化，可以用手冲制作出味道稳定的优秀咖啡。

意式咖啡机的滤粉器也能放置

因为称重面有16厘米，比较宽大，可以在上面放置意式咖啡机的滤粉器，滤粉器内可以直接放入咖啡粉，以0.1千克为单位进行准确的测量。

HARIO

V60手冲咖啡电子秤

只有几个按钮的简单构成

价格：6480日元（约人民币409元）
规格：
尺寸：120×190×29（毫米）
称重＋计时表示

7号电池

用准确的测量来制作美味的咖啡

咖啡的量、蒸咖啡的时间、萃取时间和数量等，能够准确测量为了萃取出稳定的味道所必需的事项，也可以和V60手冲台结合使用。

卡利塔

铜制量杯typeL

价格：3780日元（约人民币238元）

规格：
容量：10克/杯
尺寸：135×44×29（毫米）

越使用越有味道

铜制

饱含职人的努力打磨而成的精品

铜制的勺子越使用，颜色和光泽越会发生变化，不知不觉就变成只有自己独有的单品。经过洗练的光泽感和平滑的形状，包含着职人的技术和自豪。

卡利塔

手冲壶用温度计

只需要安装到咖啡壶的边缘

价格：1296日元（约人民币82元）
规格：
尺寸：39×150（毫米）

用准确的温度测定进行理想的手冲

手冲壶专用的温度计。安装在咖啡壶中后测量15～20秒。用架子将其固定在咖啡壶的边缘，也容易读取数据。

温度计

CASUAL PRODUCT

茶＆咖啡温度计

用夹子防止晃动

价格：1188日元（约人民币75元）
规格：
尺寸：31×141（毫米）

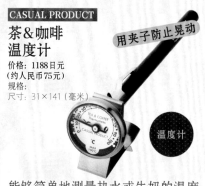

温度计

能够简单地测量热水或牛奶的温度

只需要把温度计插入放有需要测温的热水或牛奶的容器中。带有夹子可以固定，不用担心晃动。不使用的时候，可以用专用的盒子收纳。

HARIO

V60计量勺 银色

不锈钢制

强耐锈 耐久性好

价格：756日元（约人民币48元）
规格：
容量：12克（咖啡粉满满1杯）
尺寸：96×53×35（毫米）

HARIO风的设计让人不由得想要收集

把手是呈环状的，可以挂在钩子上进行收纳。波纹状的设计很有HARIO的V60系列的风格，让人想要收藏起来使用。

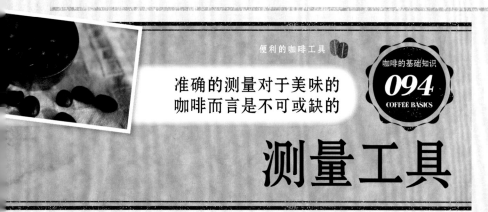

便利的咖啡工具

准确的测量对于美味的咖啡而言是不可或缺的

咖啡的基础知识
094
COFFEE BASICS

测量工具

咖啡粉的量、热水量、温度、时间应当测量的项目很多

咖啡用的测量工具中，首先必备的是计量勺。可以计量咖啡的分量，容易确认咖啡的浓度。想要准确测量萃取时间或者数量的话，使用电子秤也很方便。机械测量可以不用依赖感觉，能够萃取出稳定的味道。

eN PRODUCT
滤纸支架

价格：2268日元（约人民币143元）
规格：
尺寸：100×38×62（毫米）

简单的就是最好的

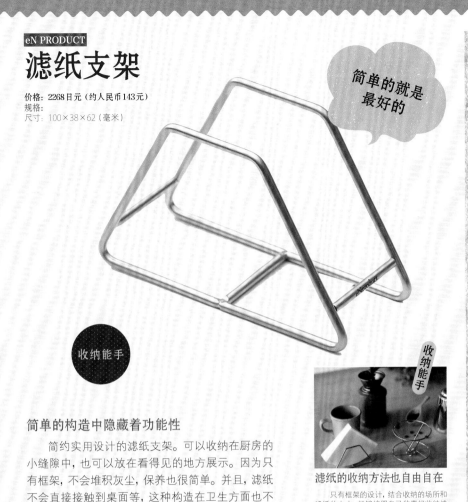

收纳能手

简单的构造中隐藏着功能性

简约实用设计的滤纸支架。可以收纳在厨房的小缝隙中，也可以放在看得见的地方展示。因为只有框架，不会堆积灰尘，保养也很简单。并且，滤纸不会直接接触到桌面等，这种构造在卫生方面也不用担心。

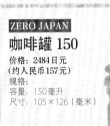
收纳能手

滤纸的收纳方法也自由自在

只有框架的设计，结合收纳的场所和滤纸的大小，能够按照自己的喜好收纳滤纸也很令人开心。

CASUAL PRODUCT
咖啡研磨机刷子

价格：864日元（约人民币54元）
尺寸：190（毫米）（全长）

清洁工具

快速除去机器中的杂物

咖啡粉或咖啡渣的残留会破坏味道

研磨器研磨部分能水洗的很少，因此咖啡粉和咖啡渣很容易残留在壶身或者刀刃的部分。这个刷子是薄型的，对于手碰不到的缝隙的打扫很方便。

卡利塔
清洁刷

价格：1620日元
（约人民币102元）
规格：
尺寸：17×17×190（毫米）

清洁工具

将残留在容器中的污渍清洁干净

附带的刷子能清洁碰不到的地方

多数的研磨机都有附带的清洁刷，柔软的猪毛刷能打扫到各个角落。

野田珐琅
TUTU M

价格：3024日元
（约人民币191元）
规格：
容量：1.0升
尺寸：
116×116×115（毫米）

不会挥发咖啡的香味

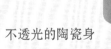

收纳工具

两个盖子可以防止湿气，保持干燥

有着封纸盖和珐琅盖双重构造，可以阻断湿气。香气也不会逃出来，因此可以放心放在冰箱里保存。整体可以水洗，也很卫生。

ZERO JAPAN
咖啡罐 150

价格：2484日元
（约人民币157元）
规格：
容量：150毫升
尺寸：105×126（毫米）

收纳工具

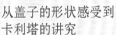

不透光的陶瓷身

有着优秀的密闭性能和不透光的瓶身，可以防止咖啡豆的劣化。

卡利塔
BB L

价格：1620日元
（约人民币102元）
规格：
容量：900毫升
（咖啡豆约320克）
尺寸：
88×88×222（毫米）
瓶身：钠钙玻璃
盖子：硅胶

收纳工具

Beans Bottle（咖啡豆罐）的简称就是BB！

从盖子的形状感受到卡利塔的讲究

直接采用牛奶瓶的形式作为装咖啡豆用的瓶子。能够感觉这款产品的盖子形状很有设计感。

便利的咖啡工具

仔细地清洁是咖啡工具长久使用的秘诀

咖啡的基础知识
095
COFFEE BASICS

清洁、收纳工具

咖啡粉和工具都要小心地对待

咖啡粉很纤细，不适当使用的话，风味和味道马上就会损失，因此一般用密闭性高的容器装盛，保存在冰箱内。为了能长久使用研磨机或咖啡机等工具，保养是必要的。因为有不能水洗的部分，有刷子的话，清洁也会比较方便。

单人露营的话
只要这个足够了！

DOD

拉面、咖啡、还有 RC1-468

价格：3818日元（约人民币241元）
规格：
容量：约1升（炉）、约20克（研磨器）
尺寸：约118×133（毫米）
重量：约433克（包含附属品）

附带研磨器

大容量的炉灶还可以做咖啡以外的饮品

户外的工具追求轻便、小型以及结实。附有高耐热涂层加工的铝制的过滤器。很轻便，具有突出的耐久性和耐磨性。卸下过滤器的话，还可以作为厨具料理工具等。单人露营或自驾旅行的话，只用这个就可以兼顾饮食和咖啡。

能喝到刚磨好的咖啡

附带小型的陶瓷制研磨器

附有陶瓷制的咖啡研磨器，因此在户外也能品味到刚磨好的正宗咖啡。

GSI

不锈钢圆锥形过滤式咖啡壶 制作8杯

过滤式咖啡壶

价格：10800日元
（约人民币681元）
规格：
容量：1200毫升
尺寸：11.5×17（厘米）
重量：0.9千克

约制作8杯

古典的圆锥形装饰着露营的景色

除了玻璃制的把手，全部都是不锈钢材质的，很轻便，耐久性能也突出。圆锥形的设计，有种古典又时尚的氛围。

壶身上有枫叶Logo

约制作6杯

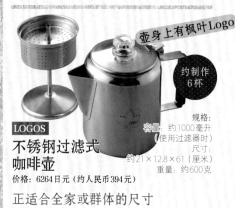

LOGOS

不锈钢过滤式咖啡壶

规格：
容量：约1000毫升（使用过滤器时）
尺寸：约21×12.8×61（厘米）
重量：约600克

价格：6264日元（约人民币394元）

正适合全家或群体的尺寸

此为耐生锈和腐蚀的不锈钢制的过滤式咖啡壶。在和家人或朋友露营时可以制作合适数量的咖啡。使用过滤式咖啡壶冲泡，做出的咖啡会更好喝。

Petromax

NEW Perkomax

优秀设计
令人骄傲的

价格：7236日元
（约人民币421元）
规格：
容量：约1.5升
尺寸：约15×15×21.5（厘米）
重量：约1千克

约制作9杯

可以享受芳香的咖啡的香气

珐琅的光泽感和波浪形的构造形成了最棒的过滤式咖啡壶。由于是大容量，最适合人数多的露营。有黑白两色可供选择。

Coleman

不锈钢过滤式咖啡壶III

价格：5918日元
（约人民币373元）
规格：
容量：约1.3升
尺寸：约12×23×17（厘米）
重量：约630克

约制作5杯

在家在外都想使用

具有可持续使用的耐用性和设计

壶身自不用说，内部的过滤器也是不锈钢材料制作的，很结实。盖子的把手可以单独购买，因此如果弄脏了或者破损可以进行替换，然后持续使用。

CAPTAIN STAG

18-8不锈钢制过滤式咖啡壶（3杯）

容易拿的实木把手

价格：6480日元
（约人民币409元）
规格：
容量：340～540毫升
尺寸：170×105×145（毫米）
重量：约390克

制作3杯

有刻度，很容易掌握水量

放入粗研磨度的咖啡和水，然后只需要开火，就可以享受咖啡。刻度是刻印上去的，因此不会因为污垢或者损伤而变得看不见。

便利的咖啡工具

用少量的工具和步骤进行咖啡的萃取

咖啡的基础知识
096
COFFEE BASICS

户外工具

露营风味的野性味道

对露营等户外活动来说，咖啡是不可或缺的。和日常饮用不同，在自然中饮用的咖啡是特别的，享用咖啡的时间成为很奢侈的时间。说到在户外萃取咖啡的工具，就是过滤式咖啡壶。使用的方法很简单。在壶内放入水，开火至水沸腾之后，

LOGOS

能看见！
意式咖啡机

价格：5076日元（约人民币320元）
规格：
容量：约350毫升
尺寸：18×11.5×21.5（厘米）
重量：约800克

煤气灶和燃烧炉都可以

约制作3杯

清洁也很简单

透明的壶身可以看见萃取的过程

　　壶身部分采用透明的水壶，因此可以像虹吸壶一般看见咖啡喷涌上来的瞬间。意式咖啡自不用说，调节放入压粉器中的咖啡粉的分量的话，也能冲泡一般的咖啡。开火之后因看到咖啡壶内咖啡涌动的兴奋感，使得咖啡时间更加享受。

各个部分零件可以拆解
因为零件可以部分分解，使用之后能够充分洗净，保持清洁的状态。

Esbit

不锈钢
咖啡机

价格：7344日元
（约人民币463元）
规格：
容量：约240毫升
尺寸：
108×110（毫米）（收纳时）
重量：约300克

制作1杯

巴掌大小

户外特有的悠闲等待时间

　　开火之后12～13分钟就能萃取出咖啡（使用2个Esbit的固定燃料标准装）。火架可以收纳在壶内，小型便携。

HIGHMOUNT

STARESSO

价格：10368日元
（约人民币654元）
规格：
容量：制作1杯
尺寸：
205×68×68（毫米）（使用时）
重量：约450克

制作1杯

只需要按下盖子

以15～20巴（bar）气压的压力萃取出正宗的意式咖啡

　　只需要安装好咖啡粉和热水并且按下盖子，就能简单地制作出意式咖啡。奶泡也能制作，因此可以制作卡布奇诺等的配方，附带专用杯子。

比乐蒂

快速摩卡壶
制作2杯

价格：4860日元
（约人民币306元）
规格：
容量：120毫升
尺寸：
8×14×14.5（厘米）
重量：约290克

意外地适合户外

制作2杯

跨越了半个世纪
全世界都在使用的固定咖啡壶

　　轻便又能简单冲泡出意式咖啡的快速摩卡壶，有很多喜欢户外露营的粉丝。有制作1～18杯不等的各种尺寸。

卡利塔

New country102

价格：6480日元
（约人民币409元）
规格：
容量：制作2～4杯
尺寸：
130×130×190（毫米）
重量：700克

制作2～4杯

也有蒸咖啡效果的漏壶

只需要倒入热水之后等待

　　在滤杯中装填好滤纸和咖啡粉，放在漏壶之后将热水一次性倒入。它节约了分次倒入热水的时间，是十分便利的手冲咖啡工具。

---

cafflano

All-in-one
咖啡机

价格：10800日元
（约人民币681元）
规格：
容量：450毫升（大杯），
270毫升（滴滤壶）
尺寸：
9×19.5（厘米）
重量：470克

工具都在其中

制作1杯

随时都能享受讲究的咖啡

　　磨咖啡豆、萃取咖啡的集合工具。户外自不用说，如果是独居的话，只要有它，也能喝到美味的咖啡。

　　暂时将其从火上拿下来。将放有咖啡粉的附带压粉器安装好，再次开火，等待咖啡萃取至自己喜欢的浓度。咖啡壶的盖子的把手是透明的，从这里可以确认咖啡的颜色从而辨别味道。开始使用的时候，为了知道自己喜欢的味道，等到咖啡变成浓茶色以后尝试饮用。想要味道浓的话，下次煮更久一点，以此进行调整。使用过滤式咖啡壶，适合用粗研磨度的咖啡粉。因为细研磨度的咖啡粉会从小孔里落下，与萃取好的咖啡会混杂在一起，因此要注意。直火式的意式咖啡机人气也很高，外形时尚，会衬托露营风景。此外，按压式意式咖啡机开始流行。它是不使用火的小型咖啡机，在旅行带行李有限的情况下很方便，只需要在安装好热水和咖啡粉之后进行按压，非常简单。其他还有很多的户外用品制造商开始售卖折叠式的滤杯，令露营的时候也能享受手冲咖啡。但是，和过滤式咖啡壶比起来，手冲咖啡对于滤纸的准备以及萃取所花费的时间会更多。

HARIO

V60自动咖啡机 Smart7

价格：54000日元
（约人民币3405元）
规格：
容量：制作2～5杯
尺寸：24.5×12×29（厘米）
重量：2千克

无限接近手冲咖啡的味道

保存食谱的功能

可以选择自动模式和自定义模式

通过控制手冲咖啡的重要因素"水温、水量、速度"，来再现手冲咖啡味道的咖啡机。"自动模式"下，选择萃取时的温度（3级）和萃取速度（2级），然后就会自动进行萃取。"自定义模式"下，萃取时的水温、水量、时间都要详细设定，可以萃取出自己喜欢的味道。在"自定义模式"下食谱数据可以保存4种，因此可以结合咖啡豆或者心情来萃取。

9个萃取口

如淋浴般倒入热水

从9个萃取口中仿佛淋浴般的轻轻注入热水。停止的时候断水迅速，不会吧嗒吧嗒地流。

宽度只有12厘米

节约空间 可以随意摆放

流畅的框架具有很强的装饰性，不挑放置的场所，也适合厨房的狭小空间。

梅丽塔

Allfi SKT52

价格：16200日元
（约人民币1021元）
规格：
容量：制作2～5杯
尺寸：310×146×293（毫米）
重量：1.7千克

水槽可拆卸，供水和清洁都很方便

净水过滤器

为了美味咖啡进行合理的设计

梅丽塔式单孔萃取和不需要加热就能保温的保温壶，除去99%以上漂白粉的净水过滤器等，为了舒服地萃取出美味的咖啡，本款设计了很多的功能。

梅丽塔

Easytop-therm LKT-1001

价格：18360日元
（约人民币1158元）
规格：
容量：1.4升
尺寸：180×235×345（毫米）
重量：1.7千克

简单又充实的功能

真空双重构造

不锈钢制的保温壶不会煮干，一直到最后都好喝

不锈钢制造的真空双重构造壶保温性能很好，能够使咖啡保持刚冲泡好时的温度。可拆卸的杆状过滤器以及水滴防漏功能等，使得在卫生方面也很有保障。

Avix

Drip Master

价格：4251日元
（约人民币268元）
规格：
容量：350毫升
尺寸：168×168×290（毫米）
重量：约0.9千克（不含适配器）

保持适当温度的供水槽

360度旋转

以迄今没有的特别构造制作手冲滴滤

将供水槽进行每分钟三周360度旋转来再现手冲滴滤。从直径0.9毫米的三个滴滤孔中以一定的速度均匀地向咖啡粉中注入热水。

便利的咖啡工具

正因为有多样化的功能，才要好好考虑自己的风格

咖啡的基础知识

097

COFFEE BASICS

滤纸式咖啡机

不需要花费时间就能喝到美味的咖啡

在自家冲泡美味咖啡的方法，最好的就是手冲。通过改变倒入热水的方式或者更换滤杯，能够享受到对自己而言最棒的咖啡。但是，要制作手冲咖啡的话，需要在时间上游刃有余。对于想要喝美味的咖啡，但是时间不充裕的人而言，咖啡机是

Wilfa SVART Precision

WSP-1

价格：54000日元（约人民币3405元）

规格：
容量：1.25升（10杯份）
尺寸：360×210×360（毫米）
重量：约3.7千克

> 大胆的设计
> 也改变了
> 房间的氛围

世界冠军
监制

浓缩咖啡专家的世界冠军监修
不惜技术投入开发

这是咖啡王国挪威的个性咖啡机。在浓缩咖啡专家世界冠军的监制下，实现了不输给专家手冲的美味。1420瓦的大功率，一边保持最适合咖啡的92℃～96℃的温度，一边进行萃取。结合水量调节刻度盘的话，机器会调节成最适合的萃取速度，之后就能品味不输给专家的正宗咖啡。（WSP-1B）

精炼的北欧风设计

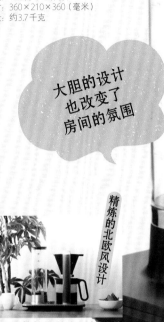

只是放着就飘散出压倒性的氛围和存在感

玻璃和铝制的组合，兼顾了冷酷氛围和实用性，是诞生于北欧的个性设计。不愧是获得了许多设计奖项，存在感出众（WSP-1A）。

无论何时都好看

感知水垢之后自动停止

从水槽中出来到萃取的这段时间，热水都在水管中流动，水管有时候也会因为自来水中的水垢而堵住。这台咖啡机能够自动感知水垢，并且通知需要清理的时间。

膳魔师

真空隔热壶咖啡机
ECH-1001

价格：19224日元（约人民币1212元）

规格：
容量：1.0升
尺寸：240×245×365（毫米）
重量：约3.4千克

> 在喜欢的场所
> 饮用温热的咖啡

预约计时器

不需要电源也不会煮干
膳魔师特有的保温力度

可以将咖啡直接萃取到保温、保冷力度强的真空隔热构造的咖啡壶中，所以即使没有电源也能保持温热，并且不用担心煮干。在厨房里萃取完之后，可以放在喜欢的房间内享用。

卡利塔

ET-102

价格：5400日元（约人民币340元）

规格：
容量：制作5杯
尺寸：134×217×244（毫米）
重量：1.4千克

> 作为礼物
> 也很令人开心

芳香漏孔

因为是标准设计，谁都能简单使用

萃取的时候用芳香漏孔将热水均匀地注入咖啡粉中，用卡利塔式的三孔滤杯快速萃取出美味的部分，可以以低价格入手真正的美味。

HARIO

V60咖啡王咖啡机

价格：15984日元（约人民币1008元）

规格：
容量：制作2～5杯
尺寸：230×240×327（毫米）
重量：约2.6千克

蒸咖啡功能

接近手冲咖啡的味道

能够看见萃取过程的独特风格

美味地萃取的条件从一开始已经被设定，结合杯数按下蒸咖啡按钮的话，就会自动萃取出接近手冲咖啡的味道。

非常可靠的存在。并且，咖啡机还有了显著的进步，在向着多样化发展。精心计算倒入咖啡粉中的热水量和时机、除水垢功能，或者食谱保存功能等，不同的厂家、不同的机种有着各自代表性的功能和装备。因为价格的范围很广，人们常会迷茫以什么为基准进行选择？对在考虑购入咖啡机的人而言，首先要考虑自己想要喝什么样的咖啡，重视什么，这样的话选择就会变容易。即使买了多功能的高价咖啡机，如果不能运用自如的话也没有意义，不要白白糟蹋了好东西。

说到咖啡机的话，有很多人会想到将滤纸和咖啡粉放到滤杯中将咖啡萃取到咖啡壶里的类型。这种咖啡机的萃取方法和一般的手冲是一样的。机械萃取的温度和热水量不会发生变动，能够萃取出均匀的咖啡。对于喜欢手冲咖啡的人，在忙碌的时候使用咖啡机，在有时间的时候制作手冲咖啡，像这样区分使用也很推荐。

虎牌保温壶

咖啡机
ACQ-X020

市场价格：21384日元（约人民币1348元）
规格：
容量：0.54升
尺寸：22.6×19.9×29.8（厘米）
重量：约3.1千克

蒸汽按压式

在自家也能享用咖啡职人用技巧冲泡的奢华咖啡

独创的蒸汽按压式系统可以萃取出稳定的美味和风味

借用热蒸汽的力量将咖啡压出，通过过滤器将咖啡注入杯子里，"Tiger Press"以独创的蒸汽按压方式萃取出咖啡豆本来的味道，仿佛专业的咖啡职人冲泡出来的一样。过滤器采用了镀钛滤网，咖啡的油脂也可以萃取出来。带有刻度的可装卸水槽、可动式的托盘、便利又实在的操作性能，让每天的咖啡时光轻松愉快。

智能操作

只需要在触摸屏上轻轻触碰

壶身上面的触摸屏可以进行各种各样的设定。因为是触摸屏式的，只要轻轻地触碰，不需要多余的力气。

结合场景

可以结合咖啡豆的种类和心情选择的15种味道

三挡的萃取温度，5种浸泡时间，一共可以进行15种设定。萃取量也可以选择，因此也可以用作冰咖啡的萃取。

德龙

滴滤式咖啡机
ICMI011J

市场价格：25920日元
（约人民币1634元）
规格：
容量：0.81升
尺寸：
170×230×285（毫米）
重量：2.2千克

亚光的金属感　既漂亮又上乘

滴滤式

提取香味的芳香模式

设计和功能都很优秀的咖啡机。使用芳香模式的话，通过间歇萃取，一边蒸咖啡一边进行萃取。能够充分萃取出咖啡的香气。

Doshisha

SOLUNA
Quattro Choice

价格：21470日元
（约人民币1354元）
规格：
容量：480毫升（咖啡壶）、800毫升（果汁容器）
尺寸：
150×320×410（毫米）
重量：约3.5千克

复合式咖啡机

滴滤式

一个按钮即可制作咖啡冷饮

有着咖啡机和搅拌机功能的复合式咖啡机。除了制作咖啡冷饮，还能制作果蔬汁等健康饮品。

Device style

Brunopasso
PCA-10X

价格：19980日元
（约人民币1260元）
规格：
容量：1.3升
尺寸：
196×240×420（毫米）
重量：约2.9千克

在上部的水槽　沸腾至合适的温度后进行萃取

滴滤式

将基本动作从根本纠正的高规格

实现了用一直以来都很难的手冲般的适当水温和速度来实现萃取的功能，以防止杂味并且萃取出美味成分。保温功能可防止咖啡劣化。

便利的咖啡工具

金属滤网特有的味道令人上瘾

咖啡的基础知识
098
COFFEE BASICS

无纸化咖啡机

区分使用过滤器
享受不同的味道

无纸化的咖啡机使用金属制滤网，因此能够提取出咖啡的油脂，直接品味到咖啡豆的味道。兼用滤纸的机种有很多，因此也有着可以结合心情或者咖啡豆的种类区分使用的优点。

siroca

圆锥式
全自动咖啡机
SC-C111

价格：21470日元（约人民币1354元）
规格：
容量：0.54升
尺寸：16×27×39（厘米）
重量：约4千克

圆锥式
研磨机

享受悠闲的
咖啡时刻

香味更浓

用圆锥式研磨机仔细研磨

比起以往的研磨机产生的摩擦热更少，能将咖啡粉的粒度固定在一定程度。通过采用圆锥形研磨机，可以冲泡出香味更浓的美味咖啡。

自动称量

没有必要自己一一称量

咖啡豆容器一次大约可放100克，因此可以根据杯数来称量出适当的量并进行研磨。不需要花费工夫去称量咖啡豆。

安装好咖啡豆
之后交给咖啡机

　　早晨，被刚冲泡好的咖啡香唤醒。这款咖啡机让此种生活成为现实。内置计时器预约功能，可以让刚磨好和刚泡好的咖啡在喜欢的时间饮用。研磨度也没有等级，可以自由设定，因此可以结合自己的喜好调节味道。在忙碌的清晨，或者因工作而疲惫的夜晚，只要事先定时，就可以用刚冲泡好的咖啡来度过闲暇的时间。

---

jura

ENA
Micro 1

价格：135000日元
（约人民币8513元）
规格：
水槽容量：1.1升
尺寸：
23×44.5×32.3（厘米）
重量：8.8克

获得许多设计奖

圆锥式
研磨机

世界最小级冲泡

世界最高品质咖啡的机器

　　按一下就可以萃取出完美咖啡的极小型咖啡机。简单的操作性，以及留住香味的芳香保存盖等，随处可见精心设计。

松下

咖啡机
NC-R500

市场价格：23544日元
（约人民币1485元）
规格：
滤杯容量：约680毫升
尺寸：
约24.5×17×30（厘米）
重量：约2.3千克

除去漂白粉

用活性炭滤网

W滴滤
功能

改变冲泡方法的话
味道变化也丰富起来

　　咖啡豆可以分成两阶段研磨，一个按钮就可以进行三种模式的冲泡。将咖啡豆的粒度和冲泡方法组合的话，可以进行各种各样的丰富萃取。

Vitantonio

全自动咖啡机
VCD-200

价格：12830日元
（约人民币809元）
规格：
滴滤容量：600毫升
尺寸：
178×305×288（毫米）
重量：约2.6千克

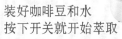

约5分钟萃取出4杯

切削式
研磨机

装好咖啡豆和水
按下开关就开始萃取

　　将切削式研磨机研磨出的咖啡粉，用能提取出美味的滤网和蒸咖啡的功能进行浓香萃取。用不锈钢的咖啡壶装盛咖啡，即使少量，也能保持饮用时的温度。

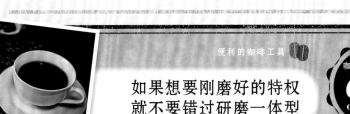

便利的咖啡工具

**如果想要刚磨好的特权
就不要错过研磨一体型**

咖啡的基础知识
099
COFFEE BASICS

研磨一体型咖啡机

不需要花费工夫就可以喝到刚磨好的咖啡

　　咖啡从刚磨好之后鲜度就会开始急速下降，风味和香气也会流失。有咖啡研磨一体型的咖啡机的话，就不用花费工夫自己研磨，随时都能享受到新鲜的咖啡。内置研磨度调节或定时器等，实现各种各样的功能。

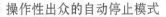

日本雀巢

多趣库斯小企鹅 胶囊咖啡机
GENIO 2

预期零售价格：13165日元（约人民币830元）
规格：
容量：1升
尺寸：16.5×25.7×29.6（厘米）
重量：2.7千克

闪闪发光的身体 和可爱的框架 也能成为 餐厅的装饰

15种以上 的胶囊

最大15巴气压

美味的证明，油脂也充分提取

以最大15巴气压的泵压进行萃取，能够萃取出正宗咖啡般的纤细油脂。极细的油脂的口感令人欢喜。

太过轻松了！

只要丢掉然后洗净就可以

萃取后将胶囊架卸下，把用完的胶囊扔掉，然后把胶囊架用水洗净就可以了。

操作性出众的自动停止模式

能够享受15种以上的咖啡做法的"胶囊咖啡机"。以刚冲泡好的香气四溢的常规咖啡为代表，还能冲泡卡布奇诺、可可、宇治抹茶等咖啡以外的饮品。将印在胶囊表面的刻度和机器的刻度对照之后，只需要按下萃取手柄。大约1分钟萃取就完成了！没有任何困难的操作或调整，谁都能冲泡出美味的咖啡，这是胶囊式咖啡机最大的优势。

雀巢

Essenza mini

价格：11880日元
（约人民币749元）
规格：
容量：约0.6升
尺寸：8.4×33×20.4（厘米）
重量：2.3千克

2种类型的杯子尺寸

24种胶囊

雀巢史上最小、分量最轻的咖啡机

Essenza mini 可以简单地根据心情变换放置的场所，轻便且小型。但是，在功能和萃取的咖啡上没有任何的妥协，随时都能享受非常幸福的一杯。

---

illy

外星人 胶囊咖啡机

价格：29800日元
（约人民币1879元）
规格：
容量：1升
尺寸：28×28×31（厘米）
重量：5千克

个性化的设计 让房间也变得有个性

打奶泡功能

大容量的水槽使得人数多的时候也很方便

可以成为厨房或餐厅的点缀的设计。一个按钮就能制作意式咖啡，还能制作奶泡，因此做卡布奇诺等的花式配方也可以。

UCC

DRIP POD DP2

价格：19440日元
（约人民币1226元）
规格：
容量：0.75升
尺寸：13×28.8×22.4（厘米）
重量：2.8千克

也能冲泡普通咖啡（粉）

茶类适用

多功能，可以轻松使用

正面宽度只有13厘米的小型尺寸，不管在哪都可以轻松放置。萃取声音很安静，后续的收拾也很简单。咖啡、茶等都能用这一台冲泡，很方便。

便利的咖啡工具

品种的丰富和使用的简单 是胶囊咖啡机的强项

咖啡的基础知识
100
COFFEE BASICS

胶囊式咖啡机

胶囊咖啡机有优点也有缺点

胶囊咖啡机已经成为固定的咖啡机选择。除了普通咖啡、浓缩咖啡、牛奶咖啡或者卡布奇诺等，种类丰富的饮品几乎都能够自动制作是其最大的特征。使用的方法简单到令人惊讶，安装好心仪的咖啡胶囊，按下按钮，数十秒后就做好了。后续

illy

Francis Francis

价格: 39960日元（约人民币2520元）
规格:
容量: 0.7升
尺寸: 12.3×26.9×26.7（厘米）
重量: 约5千克

锋利的框架
十分帅气

4种种类
的胶囊

细长机身

机器将有限空间帅气展示

宽幅大约12厘米，非常纤细，不挑放置的场所。流线型的壶身将放置的场所渲染成智能的氛围。

谁都能简单地品味到完美的意式咖啡

具有高级感的亚光黑的铝制机身和独特的外框，散发着未来的氛围感。按钮也是最小化，谁都能简单地进行操作。倒入杯中的量可以选择"short"和"lungo"两种。壶身中心处有收纳废弃胶囊的空间，最大能放入10个胶囊。此款节约了取出杯子的时间，在忙碌的早晨也能根据人数进行简单的萃取，这点也很棒。

油脂也很完美

最大15巴气压的泵压可以制作出顺滑的油脂

以最大15巴气压的压力进行快速萃取。顺滑的油脂也可以简单制作出来，可以享受酸味和醇度完美平衡的意式咖啡。

WACACO

minipresso GR LG12-MP

价格: 9180日元
（约人民币579元）
规格:
容量: 约70毫升
尺寸:
60×175×70（毫米）
重量: 约350克

意式咖啡机

不挑场所的

适用雀巢胶囊

不论何时都能享受正宗的一杯咖啡

安装好胶囊和热水，只需要按下活塞就可以冲泡出意式咖啡。电源或压缩机等一切都不需要，因此在户外或者旅途中都很方便。

BREWISTAR

KEURIG Neotrevie

价格: 10800日元
（约人民币681元）
规格:
容量: 1000毫升
尺寸:
18.4×31.9×27.7（厘米）
重量: 约3.2千克

用蒸咖啡的功能将美味进行充分萃取

19种杯子

可以自由调节想要的萃取量

可以在70～170毫升之间调节喜欢的萃取量，因此可以结合心情进行安排。咖啡台的高度也可以调节，小杯子也不会飞溅。使用K-Cup胶囊。

雀巢

Prodigio

价格: 24840日元
（约人民币1566元）
规格:
容量: 0.7升
尺寸:
12.5×38×25.5（厘米）
重量: 约2.9千克

自动排出使用完的胶囊

专用APP

雀巢最初的智能手机APP联动型

连接到智能APP之后，就能进行萃取预约或者剩余胶囊的管理。也有保养通知功能，不会忘记清理热水污垢，能够轻松地使用。

的清理也只需要从胶囊架中把胶囊取出来扔掉就可以了。不用脏手，只需要清洗喝完咖啡后的马克杯即可。除了咖啡，还能制作抹茶拿铁、红茶等，在喜欢不同饮料的家人中也容易使用，这也是其具有人气的原因。

胶囊式咖啡机不需要自己研磨咖啡豆，也不需要称量咖啡粉。真空包装的胶囊中包含着一杯量的刚研磨好的咖啡粉。胶囊隔离空气密闭保存，可以防止氧化，保持鲜度，这点也非常具有魅力。对于咖啡的保存和鲜度不必费心，胶囊自身不挑放置的场所，保

存也很轻松。推荐给比较忙碌、没有时间制作手冲咖啡的人。

胶囊式咖啡机非常方便，当然也有缺点。首先，每款胶囊咖啡机限制使用不同品牌的咖啡胶囊。如果持有的咖啡机和胶囊不适合的话，就算有想喝的饮品也不能使用。此外，和手冲比起来，它的运行成本要高。选择胶囊式的时候，要充分研究饮品的种类和价格。

解说关于咖啡的广泛专业用语

Coffee terminology dictionary

咖啡用语辞典

咖啡豆的栽培、咖啡豆的种类、制作方法、工具、冲泡方法、成分等，咖啡中有着数量众多的专门用语。以下选择了在日常比较容易用到的词语进行解说，能够让您对于咖啡进行更深入的了解！

阿拉比卡种

咖啡的品种大致分为阿拉比卡种和罗布斯塔种两种。阿拉比卡种约占60%，特点是酸味较强。其原产地是埃塞俄比亚。

香味（aroma）

咖啡萃取之后的芳香。咖啡豆烘焙时或粉碎时的味道称作"香气"(fragrance)，咖啡含在嘴里时的香味称作"风味"(flavor)。

有机咖啡

不使用农药或化学肥料，使用自然的方法进行栽培的咖啡豆。以此咖啡豆做成的咖啡就是有机栽培咖啡。虽然它价格很高，但是忠实的粉丝也很多。

杯测

评价咖啡的香气和味道的方法。检查刚磨好的时候、倒入热水的时候、搅拌时候的香气。评价味道的时候，将杯测勺舀起的咖啡啜进口中，使咖啡呈雾状，以此判断原料本身的味道。

卓越杯（Cup of excellence）

在各国，给予本年度收获的咖啡豆中最高品质的咖啡豆的称号。卓越杯不足全部生产量的百分之一，在中南美、非洲等10个左右的国家中举行评选。

咖啡杯测员（Cup taster）

在买卖咖啡豆的时候，为了鉴定产地或品种的品质等，进行味觉检查的人。杯测员要求具有突出的嗅觉和味觉，在各国也有举行咖啡杯测员的竞技大会。

无咖啡因咖啡

咖啡因是咖啡成分的一种，有着兴奋和利尿作用。将咖啡因基本除去的咖啡就是无咖啡因咖啡。晚上或者是不方便上厕所的时候方便饮用，也称作decaf。

咖啡粉囊包（coffee pod）

将咖啡粉用滤纸包裹起来，装置在对应的意式咖啡机中进行萃取。使用咖啡粉囊包不用对咖啡粉称重和计量，后续的收拾也很简单。

咖啡沫

浮在意式咖啡表面，金黄色的慕斯状的泡沫，含有油脂。油脂有着使意式咖啡的香味不扩散的作用。

次品豆

指有破损、挤压、没有内里、形状走形、已经发酵等状态的生咖啡豆。烘焙前后不除去次品豆的话，会给咖啡的风味带来不好的影响。

咖啡师

掌握正确的咖啡知识和鉴定技术的资格者。基础性的是二级，更高的还有一级。如果取得更高级别的技术的话，就称为咖啡鉴定师。

咖啡饮料

咖啡制品分类中的一种。内容量100克生咖啡豆中使用了2.5~5克为咖啡饮料。使用了5克以上的话就是"咖啡"，使用了1~2.5克的话就标记为"含咖啡的清凉饮料"。

咖啡渣

咖啡萃取完毕之后留下来的粉末。其有除臭的功能。可以湿润后放入小盘里放置于厕所，或者干燥之后放在鞋柜里。

咖啡鉴定师

掌握了极高的咖啡知识和鉴定技术的资格者。在巴西和日本等国家有着资格认定制度。在日本只有大约30名咖啡鉴定师，门槛非常高。

咖啡日

10月1日是根据国际协定规定的咖啡日。日本从这个时期开始对于咖啡的需求上涨，举行宣传活动的也很多。

咖啡带

位于赤道两侧至南北纬25度中间的区域，包括巴西、墨西哥、爪哇岛、肯尼亚等，生产咖啡豆的地带都位于此。

咖啡大师

日本精品咖啡协会认定的资格者，可以给顾客的丰富咖啡生活提供建议，是专业的服务人员，在咖啡店或者食品公司等地方很常见。

猫屎咖啡

从麝香猫的粪便中采集的未消化的咖啡豆。有着独特的复杂香味，味道比较清淡爽口。猫屎咖啡很稀少，具有一定价值，价格很高。

第三波热潮

20世纪90年代下半叶卷起的风潮，即重视单品咖啡而不是混合咖啡。在日本，以2015年的蓝瓶咖啡的登陆为契机成为浪潮。

虹吸咖啡师

虹吸咖啡萃取师。由日本精品咖啡协会主持的大会每年举行，以选拔世界一流的虹吸咖啡师。

单品咖啡

以地域或农园等小单位贩卖的咖啡豆。因为是同个生产地的品种，能够直接品味到咖啡的个性，也有着能看到生产者样子的安心感。

蒸汽朋克

机械的虹吸壶的形状，可以在APP上进行操作的设定。下方的热水上升，和咖啡粉混合，咖啡通过滤网之后下降，进行萃取。

第二波热潮

20世纪60年代至90年代的风潮，星巴克等咖啡店开业，出现了深度烘焙的高品质意式咖啡和拿铁等，大街上拿着带有logo的杯子的人增加了。

代用咖啡

用咖啡豆以外的原料（蒲公英的根或大豆等）来进行滴滤或者熬出的饮料。代用咖啡不含咖啡因，带有苦味，也有喜欢喝的人。

冰咖啡

将咖啡粉用冰水进行萃取，因此别名又叫冷萃咖啡。诞生于曾是荷兰殖民地的印度尼西亚。冰咖啡抑制了苦味和涩味，香味不容易飞散。

压粉器

在用意式咖啡机冲泡时使用的工具。将放入滤勺中的咖啡粉，用压粉器压实，是冲泡出美味咖啡的窍门。

小咖啡杯

饮用浓缩咖啡时使用的小杯子叫作小咖啡杯，用少量的深度烘焙咖啡粉冲泡而成的浓咖啡叫作小杯咖啡。

生咖啡豆

烘焙前的咖啡豆。它比烘焙过的咖啡豆更便宜，买生咖啡豆根据自己喜好进行烘焙的人也很多。

认证咖啡

为了支援生产者等，非营利团体或者第三方机构通过一定的核定方法，进行评价并给予合格认证的咖啡。认证标准有公正交易和有机栽培等。

咖啡吧

意大利等南欧地区的小型咖啡厅。主要是在吧台站着喝咖啡的形式，提供意式咖啡和卡布奇诺等。

浓缩咖啡专家

本来指的是在咖啡吧的吧台工作，提供意式咖啡等的工作人员。最近多指专业的咖啡职人。

手工挑选

从生咖啡豆中用手工仔细去除次品豆或石头等。如果这个环节怠慢的话，会成为咖啡味道受损的原因。烘焙的时候这个步骤不可或缺。

第一波热潮

19世纪初到20世纪60年代是低价咖啡大量生产、大量消费的时代。在此期间，各地贩卖了很多品质不好的咖啡。速溶咖啡、罐装咖啡也是在这个时期诞生。

风味

将咖啡液体含在嘴里时的香味。"风味咖啡"指的是添加了香草或巧克力等香味的咖啡（并不是调味品）。

Body

评价咖啡的醇厚度时使用的指标。浓厚的味道在口中扩散开来的是厚重body，醇厚度恰到好处容易入口的是中度body，爽口、味道较清淡的是轻盈body，如此评价使用。

麻袋

从生产地搬运咖啡豆时使用的麻制袋子。即使放入很重的东西它也很结实，摩擦力也很强。它的表面会标明生产国名、品种、等级等。

油脂

萃取咖啡时浮在表面、闪闪发亮的部分。用滤纸冲泡咖啡的话，油脂会被吸收，几乎不能萃取出来。如果要品味油脂的话，可以用法式滤压壶等进行冲泡。

咖啡豆烘焙机

烘焙生咖啡豆的机器（烘焙机）。有家庭用的小型咖啡豆烘焙机，煤气和电气、手动和电动等各种各样的烘焙机，可以品味自己烘焙的乐趣。

罗布斯塔种

咖啡的品种之一。苦味比较强，有涩味，有种像麦茶的芳香。罗布斯塔种更耐病，在低海拔地区更容易。其咖啡豆呈圆形。

图书在版编目（CIP）数据

咖啡必修课/日本晋游舍编著；陆晨悦译.—武汉：
华中科技大学出版社，2021.9（2025.1重印）
　ISBN 978-7-5680-7323-3

　Ⅰ.①咖… Ⅱ.①日… ②陆… Ⅲ.①咖啡-基本
知识 Ⅳ.①TS273

中国版本图书馆CIP数据核字（2021）第150465号

简体中文版由Shinyusha授权华中科技大学出版社
有限责任公司在中华人民共和国境内（但不含香
港特别行政区、澳门特别行政区和台湾地区）出
版、发行。

湖北省版权局著作权合同登记 图字：17-2021-130号

咖啡必修课
Kafei Bixiuke

[日] 晋游舍 编著
陆晨悦 译

出版发行：华中科技大学出版社（中国·武汉）
　　　　　电话：(027) 81321913
　　　　　华中科技大学出版社有限责任公司艺术分公司
　　　　　电话：(010) 67326910-6023
出 版 人：阮海洪

责任编辑：张　颖　张　洋
责任监印：赵　月　张　丽
封面设计：邱　宏

制　　作：北京博逸文化传播有限公司
印　　刷：河北鑫玉鸿程印刷有限公司
开　　本：889mm×1194mm　　1/16
印　　张：7
字　　数：110千字
版　　次：2025年1月第1版第9次印刷
定　　价：79.80元